U0391293

## 作者简介

  **陈 曦** 北京邮电大学管理科学与工程博士，任教于云南大学工商管理与旅游管理学院电子商务系，硕士研究生导师。从事网络行为与经济，网络社会制度变迁，以及网络社会治理领域的研究。

网络社会匿名与实名问题研究

陈　曦◎著

人民日报学术文库

人民日报出版社

图书在版编目（CIP）数据

网络社会匿名与实名问题研究／陈曦著 . —北京：
人民日报出版社，2017.5
ISBN 978 - 7 - 5115 - 4652 - 4

Ⅰ . ①网… Ⅱ . ①陈… Ⅲ . ①互联网络—信息安全—
研究 Ⅳ . ①TP393.408

中国版本图书馆 CIP 数据核字（2017）第 079712 号


书　　　名：网络社会匿名与实名问题研究
著　　　者：陈　曦

出 版 人：董　伟
责任编辑：周海燕
封面设计：中联学林

出版发行：人民日报出版社

社　　　址：北京金台西路 2 号
邮政编码：100733
发行热线：(010) 65369527　65369846　65369509　65369510
邮购热线：(010) 65369530　65363527
编辑热线：(010) 65369518
网　　　址：www.peopledailypress.com
经　　　销：新华书店
印　　　刷：北京欣睿虹彩印刷有限公司

开　　　本：710mm×1000mm　1/16
字　　　数：174 千字
印　　　张：13.5
印　　　次：2017 年 6 月第 1 版　　2017 年 6 月第 1 次印刷

书　　　号：ISBN 978 - 7 - 5115 - 4652 - 4
定　　　价：68.00 元

# 目　录
## CONTENTS

# 前　言

## 第四世界：虚拟与现实之间

　　我是伴随着互联网的发展而成长的那一代人，我的研究、学习、工作、生活都与互联网密不可分。学者所立足的时代，赋予了他们独有的生命体验，以及研究的心路历程，"知识过程和人生体悟总是交织在一起"。我带着与互联网有关的那些丰富的体验开始了相关问题研究的历程。多年来的研究，始终围绕着那个最初的困惑，互联网是什么？互联网将如何影响世界。

　　在思考这些文字的时候，我想到了一个规律，它有一个特殊也很美丽的名字，叫作黑天鹅。第一只黑天鹅是在澳大利亚发现的。而在十七世纪之前的欧洲，所有人都会认为天鹅是白色的。但是，第一只黑天鹅的出现颠覆了这个信念。黑天鹅事件代表着一些不可预测的小概率事件。这些事情在发生之前，没有人知道它会发生；在发生之后，世界却被改变了。世界往往会被一些不可预知的看似很小概率的事件改变，就像大西洋南岸，轻轻煽动了翅膀的那只蝴蝶。

　　对于世界上的大多数人而言，互联网的出现也是如此。纵观人类的发展历程，在每一个时代，总会有一些突破性的创新在改变人类社会的进程。原始人发现用石头和木头做成的工具可以用来种地，人类进入了农业社会；瓦特实质性改良了蒸汽机，人类进入了工业社会；冯·诺依曼看到中国传统文化思想中"阴阳"对立的概念，提出了用"0"和

"1"来数字化表达信息的思想，于是，计算机就诞生了，从此，人类进入了信息社会。计算机通过网络相连，就产生了互联网，将世界连接在了一起。之后，智能手机融合了计算机与手机，将连接性、自由性，以及强大的计算功能都同时赋予了人类。于是，将人类从场所的固定以及信息处理能力的限制中解脱了出来，赋予了人类极大的自由。而这，将彻底改变世界，也将彻底改变人类沟通交流的方式。

继而，我又想到一个问题，世界的本质是什么？西方哲学自苏格拉底时代开始有了物我两分的逻辑，把世界划分为心内的世界和心外的世界，也就是物理的世界和心灵的世界。而人类社会，恰恰是物的世界和心的世界之间的交互。卡尔波普是当代西方最有影响的哲学家之一，他提出了著名的"三世界"理论，波普的第一世界是指客观存在的宇宙自然界，第二世界是指人的精神世界，指的是人类的心灵活动和心理状态，第三世界又称为客观知识的世界，包括人类所创造的语言、文艺作品、宗教、科学、技术等。他认为第一世界最先存在，而第二世界在新的层次上出现，第三世界又出现在更高的层次上。

客观知识的世界存在于哪里？波普认为，客观知识的世界存在于人类书本、资料、典籍、文件等一切由语言文字书写的世界中。而世界的万般演化，就在于这三个世界之间的交互作用。然而，互联网的产生，则是对卡尔波普这种理论的颠覆。因为，互联网将物的世界、心的世界，以及客观知识的世界连在了一起，形成了由实体物质，虚拟数字化的光、电、影、声音、文字、图片，以及存在于肉体之中的灵魂，连接起来的第四个世界。

这第四个世界存在于卡尔波普提出的那三个世界之外，是对卡尔波普所提出的那三个世界的整合。这第四个世界的存在，将彻底改变人类社会沟通交流的方式，将彻底颠覆现代人类的生活。于是，关于世界本质的问题，在这第四个世界中，得到了更为本质的回答。世界的本质，不是物质，因为物质都会消失；世界的本质，也并非精神，因为肉体难以不朽，脑的思维无法长存。那么，世界的本质是什么？怀特海晚年的时候，悟到了一个很重要的问题，其实相对于现实中存在的每一个个体而言，世界的本质是人与人之间的关系。

那么，这种关系是如何表达的呢？在现实中，人与人之间的关系通过社会交往来承载。而在虚拟的网络世界中，人与人之间的关系则通过虚拟的数字信息来承载。也就是说，在网络的世界中，谁掌握了虚拟的信息数字，谁就掌握了人与人之间的关系。在互联网时代，谁控制了这第四个世界，就会获得影响世界的力量。

网络社会的本质其实就是网络中人，以及人与人之间形成的关系。这种关系不同于现实，计算机中介交流使得网络中个体自我以及社会关系的构建与现实世界具备显著的区别，本书对这种区别进行了探讨。同时，这种关系并不虚拟，网络关系基于虚拟的数字信息而成形，但却又植根于现实。网络匿名与实名问题也深刻地体现出这种虚拟性与现实性的共存与纠缠。何谓"名"，远非给自己取一个具有身份象征意义的标识那么简单，这里面有现实基础，有个体对于自我的认同，也有具备外部性的社会互动过程与关系构建。将相关问题放在网络社会与现实社会融合的进程中加以考量无疑是重要的。本书的叙述逻辑有三条主线：

一是从宏观到具体，通过探讨网络社会的基本概念及属性（第一章），分析网络社会发展演进的一般性过程以及对于中国传统社会的影响（第二章），到介绍网络社会中个体行为的几个基本特征（第三章）。

二是从现象到制度，从网络匿名现象的介绍，网络匿名利弊的分析，以及网络匿名功能的探讨（第四章），到对于网络实名制的研究（第六章）。通过系统性地总结网络匿名的现象，揭示网络实名制产生与发展的客观环境和基本规律。对网络实名制发展演进的研究力图做到"历史与逻辑的统一"。

　　三是从理论到实践，本书也为进一步的学术探索做了一些基础性工作，打破网络匿名与实名对立的二元逻辑，提出网络匿名度的概念，并初步介绍了测评的基本方法（第五章）。本书的大部分篇幅作为理论的介绍，以及现象的揭示，是政策基础性研究。理论研究必须能够指导实践才会具备现实意义，书中对于网络社会治理的相关政策建议，也进行了探讨（第八章）。

　　学术探索之路漫漫，延伸入时代的滚滚洪流。两个重要的趋势构成了这个时代学者们学术生命的底色，一是东西之交，东方西方两个有着不同文化传统的学术理路的相互借鉴与融合；二是虚实之交，互联网构成的虚拟数字世界与现实世界的相互渗透与影响。我有幸生在这个时代，有幸选择了学术的道路，有幸能够在这两个重要的趋势中循着先辈们的足迹做些许探索。书稿付印之时，一件工作结束了，可一种探索才刚刚开始。沿着对网络匿名与实名问题的研究之路，我走进了一座大山，一个个虚拟世界与现实世界交汇过程中产生的重要问题矗立眼前，希望能够在不断探索、不断攀登的过程中，将更多大山的故事讲给大家听。

　　由于知识水平的局限，本书难免存在诸多不当不妥未尽之处，希望能够得到各位专家、学者，以及读者的批评指正。

陈　曦

2017 年 3 月 18 日

# 第一章

# 网络社会的基本属性

## 1.1  人类社会演化的进程

截至 2016 年 12 月，全世界的网民数量已经超过 30 亿，我国网民规模达到 7.31 亿，普及率达 53.2%；中国手机网民的规模也达到了 6.95 亿[①]。互联网与人们的现实社会工作与生活已经高度融合。社会的信息化与网络化，已经成为当今时代最为重要的历史进程，对人类社会带来深刻的影响。

人类文明的每一步前进都伴随着社会生产组织形式的转型，以及文化与制度的演化。可以说，人类社会的发展进程就是一部生产工具的进化史，也是一部社会制度与形态的变迁史。按照社会主要生产力的性质和水平，漫长的人类历史可划分为原始社会、农业社会、工业社会，以及信息社会。

---

① 数据来源：CNNIC 发币约第 39 次《中国互联网发展状况统计报告》。

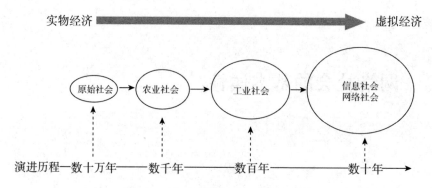

**图 1 - 1    人类社会发展的进程与阶段**

人类社会每一次进入新的社会形态，其标志性事件都是某种生产工具的诞生。大约在 50 万年前，人类学会使用工具和火种，劳动生产率大大提升，原始的社会组织开始出现。原始社会进入农业社会的标志性事件是农业生产工具的使用，而十七世纪蒸汽机的广泛应用推动人类进入工业社会。工业文明对人类社会变革的推动力仅仅经过三百年就开始式微。最近一个世纪，以计算机、微电子和通信技术为主的信息技术革命推动了信息社会与网络社会的生成和迅速崛起。这期间，互联网作为具有历史意义的生产工具，其兴起可以说是信息时代的标志性事件，对人类社会带来广泛而深刻的影响。

## 1.2    网络社会的概念内涵

互联网发展至今，其意义已经超越了原本的技术属性，而是成为了一种基于人与人之间关系连接的社会形态。网络的意义由技术性"物"的维度，经由网络中行为人"心"的精神维度，扩展到了由人与人之间关系组成的社会维度。网络重构了现实社会的交往规则，渗透到社会的各个层面，互联网自身也形成了一个庞大的网络社会。

目前国内外对"网络社会"这一概念尚无统一而权威的定义，在使用上常常与"虚拟社区""虚拟社会"，以及"网络虚拟社会"等概念相混淆。首先，关于"虚拟社区"。Rheingold 首次提出"virtual community"的概念，他认为虚拟社区是"当足够多的人带着充分的人类情感色彩，在网络中开展公共讨论，并且讨论的时间长到足够在网络空间中建立起个人关系，由此而所产生的社会集结"。可见，Rheingold 的定义强调了虚拟社区基于网络互动而形成个人关系的特质。但这个定义由于排除了基于网络互动交流，但不存在个人关系的网上空间，而显得不够完整。进一步，Femback 和 Thompsonl 将虚拟社区定义为在计算机网络中通过多次的互动形成的社会关系，这种互动发生在围绕兴趣话题而形成的特定的虚拟区域。他们的定义强调了虚拟社区中形成的社会关系。

Hagel 和 Armstrongtsl 则进一步指出了虚拟社区的另一个重要特征，虚拟社区中的内容是通过成员的交流产生的，进一步将虚拟社区的功能与传统的信息提供服务相区别开来。Lee 在基于前人对于虚拟社区研究的基础上，总结出虚拟社区应具备的四个特征，一是由虚拟空间构成，二是基于各种信息技术，三是社区内容由成员交流互动产生，四是具备社区内关系。Lee 对于虚拟社区的特征描述得比较完整，即虚拟社区是以计算机信息技术为基础，为其成员提供互动交流的网络虚拟空间，其内容由成员在互动中产生，成员相互间建立起一定的关系。可见，虚拟社会这一概念是对网络空间中基于人际互动而形成的局部关系群的描述，其范围及概括的对象，相对于"网络社会"的概念显得更小，也更加聚焦。

关于"虚拟社会"。虚拟社会的直译是"virtual society"，相对于网络社会（Network society）的概念，国外学者更多地将其定义为基于信息技术模拟生成的虚拟现实世界。比如，Igbaria 对虚拟社会这一概念有过详细的讨论，他将"virtual society"定义为"社会文化中的各个部分是基于功能构成的，而并非基于物质实体组成的那些社会结构。"这自然是一个笼统的定义。在文中，他借鉴了 Grenier 和 Metes 关于"virtual"的定义，即"一切的行为、动作、效果皆由计算机和通信技术给予支撑并实现"。基于此，他所定义的"virtual society"，实际上指的是虚拟现实技术，通过技术的手段模拟社会文化中各个功能模块，由此创造出的虚拟社会空间。正如他在文中也提到，他的研究是为了"检验虚拟工作环境如何在社会语境中促成变革的。"可见，Igbaria 对于虚拟社会的定义侧重于虚拟现实技术所构造出的虚拟社会空间，与国内诸多文献中对于虚拟社会的定义有着本质的区别。

许多中国学者站在更为宏观的视角来看待"虚拟社会"这个概念，将虚拟社会视为一个与"现实社会"相对应的大社会系统。在大量的文献中存在着"网络社会"与"虚拟社会"混用的现象，或称"互联网虚拟社会"、"网络虚拟社会"。比如，刁生福和金吾伦认为"虚拟社会"是指基于全球计算机网络化的由人、机器、信息源之间相互联结而构成的一种新型的社会生活和交往的虚拟空间；与李云鹗定义的网络社会，"随着电子通信技术，尤其是计算机网络技术的发展和相应的人类网络行动的呈现而产生出来的一种人类交流信息、知识和情感等要素的新型的行动空间或生存环境，它是随着虚拟现实成为维系人类生存与发展的一种新现实的出现而出现的"，其含义大致相同。

此外，徐晓林论述了"互联网虚拟社会"是基于互联网而形成的一种具有特定社会结构和社会关系的社会，具备三个主要特征：一是基于互联网形成并随互联网技术的发展而发展；二是形成了特定社会结构运行也必然遵循一定的规律；三是主体和主体之间必然发生联系，产生社会关系。而冯斌元所定义的"网络虚拟社会"的基本内涵是实践主体在计算机网络技术与虚拟现实技术融合的基础上，通过虚拟实践创造出来的以光、电、声、色、影为表现形式，以网络交往形成的社会关系为框架，依托人类文明成果，对现实世界和非现实之物进行数字化编码而建构起来的人文空间，也是人类交流信息、情感释放、知识生产的新型社会空间。

中国学者虽然对"虚拟社会"这个概念的使用显得有些混乱，但究其本质，却是相通的，在他们的定义中，"虚拟社会"之"虚拟"在于其基础结构是基于计算机、信息、网络等技术而形成的虚拟的社会生活和交往的空间。但他们同时也敏锐地指出，他们所定义的"虚拟社会"在其基本的结构上是数字化的，是虚拟的；但作为一种人类智慧的创造物，其所有构成要素都是真实的，根本无法脱离现实的世界而存在，因此又具有现实性。在一定意义上说，虚拟社会是现实社会的别样表达和延伸。虚拟社会既不是实存的物质世界，也不是纯粹的意识或幻觉，所以也不是虚无或虚假的。虚拟社会的基础在于现实社会，是现实社会的发展和突破，两者相互渗透、相互作用。可见，即使诸多中国学者使用了"虚拟"一词来描述这一概念构成基础的虚拟数字性，却无法回避他们所定义的"虚拟社会"具有植根于现实社会的基础。

网络社会这一概念是由美国社会学家 Castells 所建立的，他认为，计算机网络构建了新的社会形态，是否身处网络之中，以及每个网络节点相对于其他网络节点的动态关系，都是这个新的社会受到支配，或发生变迁的关键根源，因此可以称这个社会为网络社会。Castells 对于网络社会的定义强调网络社会节点间的互联性和影响性，即有网络社会以计算机网络技术为基础的结构特性上的含义，又具有网络社会是基于现实中节点相互连接互动而生成的现实基础。

虽然有中国学者在对网络社会的定义中也提到了其具备虚拟的特性，比如张雷认为网络社会在本质上是人类使知识充分客观化所形成的虚拟社会交往空间，在网络社会人与人、人与物之间的互动，均需要依靠一定的"场域"来进行；但是无论这个客观知识的世界看起来和感觉起来有多么真实，它始终是虚拟的，离开了特定的"场域"，虚拟现实就被"关闭"了。但这个特性并不能成为网络社会是虚拟的这一论点的证据。哲学家齐美尔这样定义社会，他说："当人们之间的交往达到足够的频率和密度，以至人们相互影响并组成群体或社会单位时，社会便产生和存在了。"网络社会则完全符合这齐美尔的定义。网络社会虽然在形式上表现为"人—电脑—人"的关系，但其本质上仍然是"人—人"的关系。如张雷所说，网络社会的存在需要一定的场域，而这些场域是在计算机信息技术的基础上虚拟的。但这并不代表网络社会是虚拟的，因为虚拟的场域并不能完全反映网络社会的全貌，网络社会产生于人们基于网络而产生的交往和互动，这种关系是客观存在的，不是虚拟的。

基于对以上问题的领悟，同时为了兼顾国外学者对于相关概念认知的一致性。本书采用网络社会这一概念来界定所研究的范畴，并综合张雷和蒋广学的研究，将网络社会定义为如下：网络社会（Network Society）是基于 Internet 计算机网络空间所进行的人与人之间的互动关系，在既有现实社会的形态之外，所构建起的一个客观世界和人文空间。

本书将网络社会定义为现实社会中的人基于互联网的交往互动，而形成的与现实社会相区别，却又紧密联系的新型社会形态。对于网络社会的研究属于社会科学、传播学、公共管理、管理学等诸多人文社科领域的探讨范围。本书对于网络社会的研究从微观上人类行为的视角，以及宏观上网络社会演化的视角，来深入分析相应的研究主题。

综上所述，网络社会与现实社会相比，有以下三个特点。

一是数字性。网络社会是现实社会中的行为主体基于数字信息流进行交往互动而形成的虚拟的新型社会。但这个虚拟只是构成形式上的虚拟，所有构成要素都是真实的，其构成关系植根于现实世界中的人。

二是隐匿性。网络社会中人们大多基于虚拟的身份进行交往，而虚拟身份的生成和变换所需成本较低，因此，人们的真实身份和真实的形象都有很大程度的隐匿性。

三是异步性。数字信息的形成与交互是网络社会构成和运转的基础，数字信息是可存储的，因而网络社会中的交往是可以不受时间和空间限制的。

## 1.3 网络社会的基本属性

相对于现实社会，网络社会是一种特殊的社会组织形式，是围绕电子信息网络而运行的社会关系集合，基于虚拟数字信息的交互，形成相互间人际关系的网络。在信息技术基础上的数字信息交互，是网络社会的链接样态。一般认为，互联网是网络社会产生的基础，因此网络社会也被视为在互联网所架构的网络空间中产生的社会形式。网络社会改变了现实社会中的信息传递机制，对社会的组织形态带来深刻影响。这种影响来自于网络社会所固有的三重基本属性。

### 1.3.1 技术属性：网络社会信息交互规则

网络社会的物理载体是互联网。互联网由硬件和软件两部分组成，在计算机、通信基础设施构成物理硬件层面形态的基础上，由软件技术定义出信息通信以及运行的软规则将全世界范围内的节点链接起来，构成了网络社会运行的基础架构。因此，网络社会首先是由计算机信息技术构成的技术网络，具有工具属性。

以技术论的视角来看，网络社会基本架构的发展历经了大致三个阶段，第一阶段是 Web1.0 时代，其特征是电子邮件和 BBS 的盛行；第二阶段是 Web 2.0 时代，其特征是网络社区的发展与成熟；第三阶段是移动互联阶段，表现为智能终端和各类 APP 的普遍运用。可见，计算机信息技术对于现实世界功能的模拟和呈现日趋成熟。Castells 的定义同样强调了网络对于人类的工具意义，他认为互联网是网络化的逻辑缩影，可以运用于一切能经由电子链接的领域和地点，电子化的链接方式，使得互联网媒介具备去中心化的特点，网络中的任何节点都可以平等自由地沟通信息。信息技术改变了现实中人们的信息沟通方式以及交往互动规则，并持续处于使得信息的交互更有效率的发展轨迹上。以信息技术为基础的构成形式决定了网络社会有别于现实社会的根本区别在于信息的产生、流通，以及存储方式。

基于对以上问题的领悟，网络社会所固有的技术属性包括两个层面的含义：一是网络对于人类社会的工具价值，二是网络中特殊的信息流通与交往互动的规则。因此，对网络社会本质与运行规律的理解，要建立在基于信息技术的沟通交流过程的特殊性之上。与现实世界相比，在网络中的沟通交流超越了时空的限制，具体而言，主要有以下几个特征：

一是实时性，网络节点间信息传递的时延可以忽略不计，超越了"如梭如失"，实现了"一击及的"。

二是扩散性，通过网络传递信息方便快捷、操作简单、形式多样，极大提升了信息传递与扩散的效率。

三是可追踪性，所有的网络活动都会在网络空间中留下记录和痕迹，根据这些信息，网络活动可以被回顾和追溯。

四是异步性，在大多数情形下，网络中的交流无须立即反馈，人际互动可以多种形式跨越时间与空间的限制。

### 1.3.2 个体属性：网络空间中的自我呈现

网络的主体依旧是现实中真实存在的个体，正是由于行为人的使用才让网络的工具属性以及信息交互的特殊性具备了重要的意义和价值，为网络社会中的人提供了策略性操纵信息的可能。在网络空间中，行为人可以根据自身实际的需要调整沟通交流的具体方式，对信息的沟通过程加以控制，对所发布的信息进行策略性的处理。

美国心理学家沃尔斯提出了完美自我理论，行为人通过对网络中信息的选择、控制、调整，以及美化，在网络中塑造出更为理想的个人形象，以达到在网络社交中更好管理自我印象的目的。沃尔斯认为理想自我构建的机制可以视为"社会－技术"交互作用的结果，网络技术的发展对人类社会认知和互动的过程产生影响，而人类社会认知和互动的过程也会进一步促进技术的改进，使得技术能够更好地满足人们的需求。

正如苏格拉底也认为身体是灵魂的束缚①，在现实的生活中，我们需要扮演不同的社会角色，需要协调自身言行去满足社会群体对于某种角色的普遍印象和价值认同，个人言行的自由和可控程度往往不能达到"从心所欲"的状态。因此，真实自我与心之所欲的理想自我间普遍存在着差距，由此而来的心理落差和情感压抑在现实中难以排遣，网络为个体释放这种压力提供了场所和空间。

在网络中，个体可以轻易创造一个虚拟的身份，并按照理想的意愿，通过对网络信息的策略性使用，将部分在现实中难以满足和实现的心理诉求寄托到网络中的理想身份之上。现实社会中真实存在的个体是

---

① 出自柏拉图著作《斐多》，描写苏格拉底在监狱中临刑前和学生们探讨生命意义等话题的场景。注释的观点在《斐多》中出自苏格拉底之口，但也有可能是柏拉图借老师之口的表述。

网络社会中虚拟个体的存在基础，在很大程度上，可以说网络社会中那些一个个由数字信息所构建出的虚拟身份是现实个体"灵魂"的延伸与释放。即使基于网络的虚拟身份依然无法脱离其现实中的种种约束，但这种释放显然是重要的。本质上来说，网络身份是现实个体的数字化映射，以及内心关于自我期待的寄托。

### 1.3.3　社会属性：网络空间中的社会集合

哲学家齐美尔曾这样定义社会："当人们之间的交往达到足够的频率和密度，以至人们相互影响并组成群体或社会单位时，社会便产生和存在了。"这个定义表述了社会概念所包含的三个基本要素，一是由多个个体组成，二是相互之间存在影响和关系，三是形成具备一定规模的群体单位。社会是由相依存的多个个体，及其相互间连接方式所构成的集合。显然，网络社会包含社会概念的三个基本要素，符合社会的定义。

网络社会的构成主体是基于网络开展社会活动，产生并维系相互间关系的人。以技术论的视角来看，网络社会中的个体及其相互之间的关系，表现为存储于网络空间的数字信息。但这些可以追溯的虚拟数字信息仅仅是表现形式，从根本上都可以落实到现实中真实存在的个体之间。网络社会关系的总和，既包括现实社会关系在网络空间的延伸，也包括仅仅依赖网络空间而存在的社会关系。网络社会中的人际关系在网络信息"面纱"的掩饰下，相对于现实中的关系，存在一定程度的虚拟性，却无法完全脱离其现实基础。换言之，现实社会是网络社会的基础，网络社会是现实社会在网络空间的映射，且承载着部分难以在现实社会中实现的虚拟社会关系。

## 附录一：中国传统熟人社会的差序格局

与网络社会诞生、发展、演进的历程处于同一时期的，是中国传统社会的现代化进程。中国传统社会是以血缘、亲缘、地缘为纽带连接起来的人际交互关系网络，在很大程度上是出于自然、自发，以及自觉所形成的以熟人关系为主的社会。20世纪40年代，费孝通先生在《乡土中国》一书中，以经验事实为基础，论述了中国传统社会结构的基本特征，提出"熟人社会"的概念，以"差序格局"形象地对中国社会人际关系结构的特征进行了描述。

（一）差序格局下的社会交往结构

费孝通先生曾对中国传统社会的差序格局有过形象的比喻。他认为，西方社会的结构格局是一种"捆柴"式格局，基本特点是明确，表现在个体归属明确，团体边界明确，个体与团体的权责利界定明确。相对而言，中国传统社会结构格局是类似于波纹形的网络结构，好像把一块石头丢在水面上所发生的一圈圈推出去的波纹。每个人都是他社会影响所推出去圈子的中心。被圈子的波纹所推及的就发生联系。每个人在某一时间某一地点所动用的圈子是不一定相同的。而作为圈子中心的个体与他人的关系，随着波纹距离的延伸，由近及远，由亲及疏，从而相互间的交往也随关系的不同而区别对待。由此，形成了"熟人社会"差序格局的基本结构，即以己为中心建构的具有差等序列的关系网络。关系网络构成的基础，有血缘关系，地缘关系，工作关系等。由近亲及远朋，在中国传统文化所定义的纲常伦序下，从属于集体主义价值观中的每一个熟人社会的个体，皆从自我本身出发不断地在周围通过身份认同的方式让与自己有关的人纳入个人生活圈中。与西方社会结构的明确性相对应，中国传统社会结构显然是界限模糊的，不过是从自身所处的中心向各种社会势力推出的某一圈而已。基于此，形成了中国人际交往逻辑中的特殊主义倾向，中国人会根据与交往对象的关系不同，采取不同的行动原则。这种现象就是典型的"内外有别"，区分自己人和外人，待人接物存在圈内人和圈外人之别。

中国传统社会的关系是每个个体私人联系的叠加，相应的社会范围是一根根私人联系所构成的网络，因此在很大程度上，中国传统社会里的社会道德约束也只在私人联系的圈子之内中发生作用。由私人联系构成一张张关系网，覆盖住了中国传统熟人社会，但每一张网所能盖住的范围都是不同的。社会人际关系的广泛和深入程度，成为判别社会资源的重要标准。进而，圈子文化，人情面子，注重关系成为了这种差序社会结构之下的典型特征。在交往规则上，基于差序格局，最为中国传统熟人社会注重的是伦理次序，其次是讲究血亲情谊和人情面子，最后是追求"做人"与"相处"的关系法则，它们使得一个个熟人的圈子被凝结成紧密的生活与伦理共同体。

（二）差序格局下的关系内部化机制

在中国传统熟人社会的交往过程中，通过一系列的"内部化"机制，形成自己人认同的熟人关系。"熟人"和"陌生人"的区分与对立，体现出传统与现代的思维模式，在中国传统社会内所涉及的问题就是"自己人"与"外人"的区别对待。然而如费孝通先生所言，中国熟人社会中所谓"自己人"与"外人"的关系界限并非是绝对清晰的，存在一定的相对性，而这种界限和相对性，本身就有着实用主义的色彩，可以在不同的情景场合根据具体需要去调整适应。因此，在中国人的社会交往系统中，在讲人情、好面子的基本逻辑之上，有着特殊的运行规则，具体表现为存在着大量的潜规则和意会规则。潜规则是那些运行于现实表面规则之下所隐藏着的另一类规则。意会则在于不言自明，是一种非逻辑层面的沟通交流方式，是由熟人社会交往的基本逻辑衍化而出的交往原则，经世代相袭，积淀在中国人的身心言行之中。所谓"意会"，要求社会中的每个成员在日常的见面逢迎之间相互顾及面子、考虑人情世故，具体行为包括迎来送往、施报平衡、讲究礼节等，以及一些仪式性场合中，适用于不同情境的人际互动。意会并不是写在明面上的必须，但不遵守这些属于集体共识的规则，就很可能会被圈子内的人排斥。潜在规则与意会原则，以非明面的方式存在于熟人社会格局中，使得个体能动地建构起不同社会熟人圈子，形成"自己人/外人"的差序式社会生活模式，人的认知结构在熟人社会关系的构建过程中不断调整和改变，更新并巩固着意会规则。

（三）差序格局之下的社会关系维系

中国传统社会的人际关系强调以"礼"为序，所谓"礼之用，和为贵"，其基本作用是维系人际关系的和谐。"和"的精神是中国传统社会文化的基本面，其核心思想在于追求社会交往的和谐与有序。"和为贵"表现在三个方面，一是看重人情，二是维护面子，三是讲究谦虚低调，不张扬个性，以尽量避免在表面爆发冲突，从而维系人际关系的稳定。在中国传统社会中，基于伦理次序及不同社会地位的人际身份认同，要求人们既要遵守等级差别，相互之间又不能出现对立冲突等不和谐因素。从另一个角度来说，对"和"的追求和提倡，也反映了中国文化中对于差序和等级之下，存在或隐或显矛盾冲突的调和与掩饰。

中国传统文化是重视人文关怀的，与西方人文关怀强调作为每一个独立个体的人有所不同，传统中国的人文关怀更多的是对于人情的重视，对于差序格局之下每个以集体为单位的组织运行和谐与有序的要求。换言之，中国传统社会对于人文关怀的理解，具有集体主义为先的倾向，社会中的个人往往需要为了维护集体的和谐，而做出个人的让步、压抑、甚至是牺牲。群体中的个体追求"和为贵"是手段而非目的，追求社会交往的和谐有序最终还是为了获得在集体中的正面评价和认同。因此，以和为贵并非意味着一味的忍让和退避。为了追求"和"而一味忍让退避而丧失了人的基本尊严和人格，同样会受到熟人社会的否定。和是在"争"与"忍"之间的平衡，维护适当的道德语境和正义感是协调这一平衡的基本标准。

（本文节选自《网络社会对中国传统社会关系的重构》）

## 附录二：FACEBOOK 的十年战略规划

从工业社会进入信息社会，信息化的浪潮给世界带来深刻的影响与变革。微软、戴尔、雅虎、亚马逊、谷歌、苹果，这股浪潮成就了那些最富有创新精神的 IT 业领头人们，创造了一个又一个的财富神话。在 2016 年福布斯的全球富豪排行榜位列前十的首富们，有一半从事 IT 相关业务领域。其中，FACEBOOK 的创始人马克·扎克伯格以 470 亿美元的身家位列第六，他不是 TOP10 富豪俱乐部中最有钱的那个，但他是最年轻的那个。

马克．扎克伯格于 1984 年出生于美国的一个犹太人家庭，自幼就表现出在计算机程序设计方面的天赋，尤其喜欢设计那些帮助人们沟通和做游戏的程序。2002 年，他进入哈佛大学计算机与心理科学专业学习，他与生俱来的创造力和天赋进一步凸显。大二的时候，出于好玩，他开发了一个让学生可以在一些照片中选择最佳外貌的程序，基于真人的照片和名字，让大家投票，进行竞赛评选。仅仅数日，学校的服务器就被挤爆了，于是被迫下线。但这次尝试成为一种基于真人照片和资料在网络中进行社会交往活动应用模式的雏形。一个新的时代到来了，互联网开始渗透入人们现实中的社会关系，与人们的社会生活连接得更加紧密。而扎克伯格不仅让他的名字载入了信息产业发展的史册，也登上了世界财富的巅峰。

2015 年，31 岁的扎克伯格发布了 FACEBOOK 未来十年的战略规划路线图，概括起来就是做三件事，实现一个梦想。做三件事，发展无人机、人工智能以及虚拟现实技术，表面上看起来似乎与 Facebook 本身业务没有太大关系，但是却与这个伟大的梦想有关。这个伟大的梦想就是要用互联网把世界上所有的人都连接起来。Facebook 估计，截止 2015 年全球有 11 亿到 28 亿人还不能接入移动网络，约占全球总人口的 16% 到 40%。为了帮助这些人上网，Facebook 希望建造和部署无人机，通过卫星接入互联网。首席技术官斯科洛普夫说："我们将占据天空。"

人工智能可以提高人们在网上处理信息的能力，而虚拟现实可以让远在世界各地的亲友通过网络实现相互间感受上真实的陪伴，能够天涯若比邻。

Facebook 要让全球没有上网的 40 亿人（当然包括中国还没有上网的 7 亿人）能够免费上网，要在虚拟现实和人工智能领域成为第一平台，要把 Facebook 建成全球网络空间第一生态。网络在重构世界的结构与关系，Facebook 的十年战略规划体现出了一种超越企业责任的眼光和境界，他们考虑的已经不再是盈利，如何占领市场，而是对于全人类生存与未来的关注与关怀。今天，为世界秩序规划远大未来的，居然不再是哪一个强国和霸权，而是一个非国家行为体的企业，这是前所未有的大事。这个互联网时代迄今最霸气侧漏的帝国野心，对于人类未来发展的进程和规则，与我们身处这个时代的每一个都休戚相关。2015 年扎克伯格夫妇宣布要在有生之年捐出他们 99% 的资产用于公益事业，支持那些能够让世界变得更加美好的事情。

有评论人说："Facebook 的十年战略远非一个产业构建过程中的寻宝图，它就像一面镜子，映照着这个时代我们每个人的境界。"

（本文节选改编自网络）

# 第二章

# 网络社会的制度演化

## 2.1 网络社会与制度

网络社会实现了人类区别于传统交往方式的一种新的交际方式，通过网络的交往，人类社会中除了传统的业缘关系、地缘关系、血缘关系之外又出现了网缘关系。

网络社会并不是数字信息组成的完全虚幻的世界，其组织结构有着植根于现实世界的基础，网络社会中的行为主体仍然是现实世界中的人，但网络社会却有着与现实世界截然不同的组织结构和信息传递方式。因而，网络社会中制度现象的发展与演化有着与现实社会相类似的规律，但又存在着差异的过程与机理。一直以来，网络社会学研究，特别是对网络文化现象的研究，吸引着诸多领域学者的注意，也在研究的各个层面形成了诸多理论。但对于网络社会中制度现象的演化，目前的相关研究中缺乏能够以发展的、动态的观念来进行解释的视角；同样，对于网络社会中制度变迁现象的产生机理与演化动力，尚缺乏系统的理论进行诠释。

研究制度的演化是一个复杂的问题，正如哈耶克所说，制度变迁是个渐进试错的过程。而对制度的研究和分析，往往也并不局限于仅仅探讨人类行为背后的经济规律，而是同时将历史的、演变的视角纳入到对制度现象的解析中，用黑格尔的话来说这是"历史与逻辑的统一"。根据哥德尔的不完全性定理，即不存在一个足够复杂的命题系统，他是封闭的，同时又包含一切真命题。任何一个复杂的命题系统，要么是封闭却存在矛盾冲突的；要么不存在冲突但面向着未来的不确定性开放。制度的演化过程，本身就是在一个个系统为解决和平衡所存在的矛盾，而向着未来的某种不确定性演进发展的过程。而制度的演化不存在长期均衡，只有短期均衡。因此，研究思考制度演化的问题，就很难用博弈均衡的观点来加以描述，因为演化着制度，是无法被完全包含到足够复杂的数学或逻辑框架中的，因此，博弈均衡的概念无法解释制度的演化与变迁。思考制度的演化本就是一种"直面"现象的研究，最好是通过一些案例研究。

制度经济学的理论突破了传统经济学理论在理性人假设、均衡范式、零交易费用，无制度背景分析框架等方面的局限性，综合考虑了政治、经济、文化等制度因素，因而更能真实而客观地反映现实的复杂性及本质。正如科斯晚年在发表于《美国经济评论》上的一篇文章中对制度经济学的研究领域进行了扩展，他认为制度经济学需要研究特定社会中的政治、法律、习俗、文化传统，甚至语言含义等因素。因为制度现象本身就是一个涵义宽泛的社会学概念。因此，基于新制度经济学以及行为经济学研究的部分理论，为网络社会中制度现象的演化机制构建一个理论上的框架，无疑有助于深入理解网络社会制度现象的演化机理，对扩展新制度经济学的研究领域，推动网络社会制度演化理论的发展有着积极意义

网络社会中的制度现象形成于网络社会中人与人、信息与信息之间的交互作用，是网络社会中的人因集体行为博弈的均衡而自发产生的规

则与秩序，是一种基于网络社会而形成的制度现象。现实社会是网络社会存在的基础，因而网络社会制度的演化与现实社会的变迁有着密切联系，但其本质及演化的机理又存在着特殊性。因此，基于现实社会制度演化的理论，结合网络社会的特殊性，为网络社会中的制度演化构建一个初步的理论框架，有利于更加深入地理解网络社会运行和演进的规律。

## 2.2　三维度理论框架

西方哲学自苏格拉底以来就开始崇尚主客两分的逻辑，将世界划分为心内的世界，以及心外的世界；即心的世界以及物的世界。认为世界无非主体与客体，精神和物质这两类现象。而实际上，人类社会就产生于精神世界和物质世界的交互的过程之中。我国著名经济学家汪丁丁教授认为对事物的制度分析，都可以划分为"心"的维度，"物"的维度，以及"人与社会"三个维度。可以说，任何一种制度现象都会在这三个维度中表现出某种形式、价值，或是意义。这样的划分，为文化与制度演化的研究提供了一个理论分析的基本框架。

首先是"物"的维度，指客观存在的物理世界，比如自然资源、地理环境，以及技术水平；其次是"心"的维度，指行为主体的精神及内心，比如认知、偏好，价值观念，或是信仰；第三是社会的维度，指由主体间相互联系而形成的社会，比如群落、阶级、秩序。以这三个维度为基础所构建的理论框架，能够对处于特定时期的制度现象进行静态的分析。再将这样的分析思路，沿着时间轴的视角展开，对制度现象在三个维度中不同特征的动态演变进行综合，便可以相对全面的对网络社会制度的发展演化进行剖析。

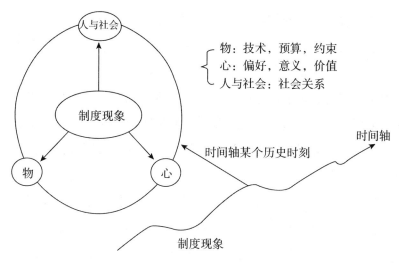

图 2 – 1 制度现象三个维度的理论框架

### 2.2.1 "心"维度的理论基础

"心"维度的制度分析基础理论与网络社会中行为主体的心理与行为特征有关,强调行为主体主观上的心理与行为特征。人的心理因素对制度的影响自诺斯以来一直受到新制度经济学家的重视。诺斯所构建的理论是制度演化理论的起点,其最大的突破在于将人的主观心理过程引入到对制度变迁路径的影响中,并使其成为制度变迁的关键性影响因素之一。

(一)人类理性能力的有限性

理性能力的有限性假设是社会演化理论的出发点。完全理性是古典经济学理论的基本假设之一,传统经济学中的决策人被理解为一种行为工具意义上的理性者,他们具有有序偏好、完备信息和无限的计算能力,会选择最能满足自身偏好的行为。然而,完全理性假设的分析思路因偏离现实情境而倍受诟病。新制度经济学以及行为经济学的理论被认为能够更加合理地对现实世界进行描述,在很大程度上正是由于突破了完全理性的假设。诺斯就曾经提到人的有限性，具体包括两个方面，一是环境中存在不确定性，人们面临的是一个复杂的、充满随机和偶然的世界，这个世界中的信息并不完全；二是人对环境的认知能力是有限的，无法看到所有可能的选择集合。人类理性的有限性使得人们需要根据一些常规或者习俗进行主观决策，以降低决策的不确定性；而惯例的本质与起源、学习机制、预期形成等等，都同人类有限理性的认知模式密切相关。

西蒙在研究人类认知的基础上，将有限理性的概念引入到经济学中，并获得了诺贝尔经济学奖。他发现，人类的信息处理能力是非常有限的，短时记忆容量只有 7 项左右，而从短时记忆向长时记忆存入一项记录需要 5－10 秒的信息处理时延。因而，现实中的人，并不具备完备的知识，感知能力、记忆能力有限、处理信息的能力都有限，不可能像完全理性的经济人那样完美地思考。进而，西蒙给出了有限理性的概念："理性的限度是从这样一个事实中看出来的，即人脑不可能考虑一项决策的价值、知识及有关行为的所有方面，人类理性是在心理环境的限度之内起作用的。"

在网络时代，面对日益膨胀的海量信息，人类理性的有限性在网络社会中被进一步放大。在传统经济学的世界里，实物资源的稀缺性使得人们需要发展出一系列的理论及方法研究如何更有效地对生产要素进行配置。然而，在网络社会中，资源稀缺性的假设已发生了逆转，网络空间中的主要资源——电子资源，可以无限共享并且复制成本几乎为零。因而，真正变得稀缺的是人类有限的理性能力，即获取、加工、处理信息的能力。西蒙曾指出："随着信息的发展，有价值的不是信息，而是注意力"。这被网络经济学者们形象的称为"注意力经济"。西蒙关于人类认知机制的研究成果，也被网络营销学借以概念化为网络经济的"八秒原则"，一个营销页面如果不能在八秒内引起用户的兴趣，就将永远失去这个客户。

注意力资源的稀缺性是研究网络社会无法回避的问题。正如艾智仁认为，只要存在资源稀缺性，就必定存在歧视。因此，网络社会中制度形成与演化的根本动力是人们对有限的注意力资源进行更有效配置的尝试。

（二）偏好的不完全性

偏好指的是行为主体对于行为可选择集合中特定选择的情感和倾向，往往是非直观的。偏好有明显的个体差异，也会呈现出一定的群体性特征。斯密德认为制度分析应从观察人们的相互依赖性开始，人们的选择与自身的偏好有关，也会受到他人的影响。偏好形成于人们内心对于外在选择的一种情感和倾向，带有明显的个体差异，也呈现出一定的群体性特征。在传统经济学理论中，人们的偏好被假设为具备完全性，具体可表述为人们偏好的稳定性、可排序性，以及可传递性①。偏好的完全性是经典经济学静态分析方法的基本假设，但并不适用于对制度演化的研究。斯密德认为制度经济分析应该注重人们偏好的相互依赖性，人们的偏好并不是相互独立的，而效用水平会受到其他人的影响。人们相互间的依赖与商品和环境的内在特性密切相关，比如：资源独占性的高低、规模经济、交易费用等，这些特性都会对偏好的形成产生影响，进而影响到制度和人之间的互动关系。在制度演化的过程中，人们的偏好不可能如新古典经济学中所描述的那样稳定性而有序，而是会受到人与人、人与环境之间的相互影响。斯密德把有限理性的当事人在社会经济活动中所表现出的偏好看作是一个学习过程，认为偏好和人格是在面对困扰和不断选择的过程中所发展起来的。既然偏好是一个内生的学习

---

① 稳定性指在一定时期不会发生变化；可排序性指对不同选择的偏好程度可以进行排序；可传递性指如果主体偏好 A 大于 B，B 大于 C，则主体偏好 A 大于 C。

过程，偏好便具备某种情景依赖性①，并处于动态演化的过程中。偏好的学习与适应过程，也在于通过某些机制的设计来稳定预期，在一定程度上形成共有信念，以降低不确定性，实现更加有利的行为均衡。根据青木昌彦的观点，在社会博弈的过程中，参与人为求得最有利的结果，会有意识地通过知识创造，交流、学习和模仿来影响他人的信念，从而构造出部分共有信念。这种共识一旦沉淀下来，便逐步演化成为制度。因此，制度的演化，也就是随偏好的学习过程所引致的共识不断变化的过程。

制度的演化是人类行为长期互动博弈的结果，在网络社会中也是这样。网络社会数字化生存的特征加速了信息的流通，人们处于信息超负荷状态，因而网络社会中人们偏好不完全的特点愈加突出。网络社会中人们的偏好以及价值判断很容易受到外界的和相互间的影响，这使得人们的行为偏好更容易在相对有限的范围内达成一致，也更容易随网络环境的改变而发生迁移。

### 2.2.2 "物"维度的理论基础

（一）"技术—制度"二分逻辑

在物的维度中，技术的进步被认为是社会发生演化的因素之一，凡勃伦把技术视为社会进步的动力，并提出技术—制度的二分逻辑，认为技术与制度是共生演化的。在信息时代，信息技术的爆炸式演进使其成为现代社会的支配性技术，推动了计算机技术、通信技术、多媒体技术及网络技术创新的"集聚"。网络社会的本质是一个数字社会，而信息技术是数字社会赖以存在的基础。因而，信息技术的影响是研究虚拟社

---

① 情景依赖性指主体对事物的认知以及选择决策依赖于过去的经验以及事件发生时的情景。

会制度现象无法回避的问题。参照凡勃伦的理论，网络社会中的制度现象与信息技术也是共生演化的，甚至可以说网络社会制度演化的进程本身就是一部信息技术进步史，而技术的发展很大程度上也来自于网络环境的改变。

（二）诱致性技术创新理论

根据希克斯的诱致技术创新理论，如果一种要素的价格相对于其他要素价格上涨，就会导致减少这种要素相对使用量的一系列技术变迁，由资源稀缺带来的制约可以被更有效利用相对稀缺要素的技术进步所消除。网络社会中，人们有限的注意力成为最为稀缺的资源。因而，信息技术的创新与演进，在很大程度上是随网络环境改变，而更有效配置人们注意力资源的演化进程。信息技术的发展与进步对网络中信息流通的规则实施重构，进而又影响到网络社会的组织结构以及人们的网络行为，推进了网络社会制度的演化。与此同时，信息技术的迅速革新，令各类技术应用的创新周期缩短，新生信息技术和网络应用不断涌现，使得网络社会制度演化的周期变短。

（三）适应性结构理论

对技术社会研究领域的研究，侧重于探讨信息技术与社会的交互作用。Orlikowski 提出了信息技术有二重性。即一方面技术与社会制度密切相关，是一组客观规则（如制度、文化、习惯等）与资源的结合，用来促进或限制人类的行动；另一方面，技术是基于特定的组织及文化，由人类主观意识行动创造的产物。Desanctis 和 Poole 提出了适应性结构理论（Adaptive Structuration Theory，AST），认为信息技术的发展触发了社会制度适应性结构化的过程，而这个过程又导致社会互动过程中组织所使用资源或规则的变革。该理论阐释了技术本身对人们行为的影响，AST 理论从技术、制度、环境三个结构源出发，分析三个结构源之间的动态交互关系。

　　适应性结构理论包括人们使用某项技术时发生的两个过程。第一个过程基于技术本身的结构，DeSanctis 和 Poole 将这一步称为"精神"层，也就是技术的预定目标，具体指该技术设计者所设定目标的实现过程。第二个过程反映技术在社会中实现的结构，也就是人们使用技术时产生的结构，可能与设计者所预先设计的"精神"有关，也可能没有。AST 理论认为，技术应用会随着人们的使用而逐步发展，甚至会超过原技术开发的预期目标。基于 AST 理论，网络社会中技术、制度、网络环境三者间交互作用的规则可由以下模型进行描述。

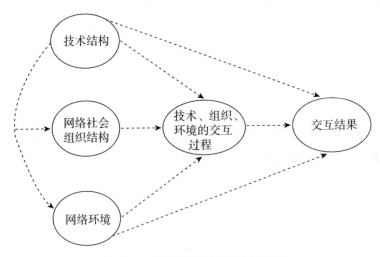

图 2-2　网络社会 AST 理论框架图

　　AST 理论认为人们对技术的使用包括两大步骤。第一步是技术本身的结构。DeSanctis 和 Poole 提到这一步时，称其为"精神"，也就是技术的预定目标，指的是该技术的设计者所设定的目标。第二步是社会层面的结构，也就是人们使用技术时产生的结构。第二个步骤可能与设计者所说的"精神"有关，也可能没有。AST 理论认为，组织或制度的变革与人们使用技术的动机有着密切联系，而技术应用会随着人们的使用而逐步发展。随着人们能接触到越来越多的技术，人们使用技术的方法会逐步发展，甚至会超过原产品的预期目标。根据 AST 理论，随着技术在不同的社会情境下使用，其预期目的就会改变。DeSanctis 和 Poole 建议在不同层面对技术应用进行研究，虽然 AST 理论最初的研究背景是工作环境，但也可以应用到其他类型的网络社会环境中技术的发展与网络社会环境演进之间的互动中。

### 2.2.3 "社会"维度理论基础

（一）信息成本

网络社会形成于网络空间中行为主体间的相互交往，基于数字信息流的生成、传送，以及交换，网络社会活动得以正常进行。当以制度经济的视角来研究网络文化的演化时，网络社会活动所需付出的成本是一个必须要关注的核心问题，网络文化与制度的发展变迁与网络社会中活动的成本变化有着必然联系。在新制度经济学理论中，交易费用是一个核心概念，基于研究交易费用对社会经济活动的影响，新制度经济学才发展为一门学科。在现实社会中，根据张五常的观点，交易费用可视为一系列制度成本，包括谈判、拟定实施契约、界定控制产权、监管和制度结构变化等一切不发生在物质生产过程中的成本。

新制度经济学家富有洞见性地指出，经济活动中诸如此类的成本产生的根本原因在于现实世界中的信息缺乏或是信息不对称；一个信息完全对称的完美世界是不存在不确定性的，无须通过文化或制度来约束人们的社会行为。诺斯就认为信息的高昂代价是交易费用的核心，而巴塞尔也曾提出交易费用在很大程度上可以视为获取信息的成本；而获取信息成本的变化是导致政治、社会和经济制度变革的源泉。

在网络社会中，交易费用的本质并没有发生变化，仍然是一种信息成本。不妨将其定义为人们在网络中为完成沟通交流、获得所需信息、达成交易等网络社会活动所付出的成本，是发生在数字信息的传递、获取、鉴别、沟通等过程中，而不发生在信息产生过程中的成本。参照诺斯的理论，网络社会中信息成本的变化，是网络社会制度演化的根本原因和推动力。

（二）制度变迁的需求与供给

诺斯认为制度的演化是一个自组织的过程，是由交易费用的变化驱动的，具体体现为一种效率更高的制度对另一种制度的替代过程。网络社会环境的改变带来信息成本的变化，使得制度的变迁产生潜在利润，而制度与技术创新成本的降低促使制度的变迁变得更加有利可图，于是便产生了制度变迁的持久性压力。

制度变迁的具体动力体现为制度供给与需求之间的非均衡性，从供需之间的非均衡到重新实现均衡，被认为是制度变迁的一般性过程。处于某种均衡状态中的制度，其达到均衡时的内外部环境被一些变化打破，比如：意识形态的改变、社会结构的变化等，这些因素的变化改变了信息成本，使得原本的制度模式存在不适应性，而技术的进步使得制度的变迁产生潜在效益。当潜在收益在原有制度框架下无法实现时，为了获取潜在收益，人们开始积累制度创新的需求，并努力克服制度障碍，进行制度创新。在此过程中，人们通过博弈，通过集体行为互动、协调与相互影响，使得原有制度的均衡发生变迁，经历制度演化一般性过程，最终制度的供需重新达到均衡。

## 2.3　网络社会演化的一般性过程

网络社会制度的演化，与网络社会中人们的认知及偏好有关，受到信息技术进步的推动其根本动力来自于网络社会中信息成本的变化；这些因素之间并不是相互独立的，而是互相促进、共生演化的。网络社会制度的演化是一个自组织的过程，具体体现为一种效率更高的网络行为模式对另一种行为模式的替代过程。现实社会，或网络社会环境的改变带来信息成本的变化，使得网络社会制度的变迁产生潜在利润，潜在的利润来源于降低信息成本带来的效率提升，从而使得网络行为模式转变与信息技术的创新变得有利可图，于是便产生了网络社会制度变迁的需求。这种需求使得人们努力发展信息技术，转变网络行为，以提升网络社会活动的效率。

在此过程中，人们的行为相互影响，通过集体行为的博弈，使得原有行为模式的均衡发生变迁。实现新的均衡时，网络社会制度演化的供需重新达到平衡。基于新制度经济学的理论，网络社会制度的演化过程可以视为网络社会中人们集体行为共识的变迁过程；其反映了因网络社会中环境等因素的改变，导致信息成本发生变化，促生出信息技术和网络文化的创新，从而引发网络社会制度向着更有效率方向演进的过程。下图是对这一过程的具体描述。

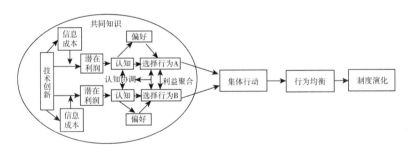

**图 2 - 3　网络文化制度演化的一般过程**

图 2 - 3 中椭圆形阴影面积代表网络文化演化制度分析的基本单位——惯例。人们一致性的行为习惯需要在共同知识的背景下形成。网络环境的变化，催生出技术的创新，新技术的出现使得网络空间中信息

的流通变得更加有效率，这带来信息成本的下降，因而产生网络社会制度变迁的潜在效益。行为主体认知到获得潜在效益的可能性，受限于理性能力的有限，在认知模式和自身偏好的调节下，产生选择行为 A；而另一行为主体通过同样的过程，产生选择行为 B。行为 A 和行为 B 在共同知识的背景下发生互动，通过一系列利益分享聚合、认知协调，以及偏好调整的过程，行为模式实现了统一，逐步生成一种集体所共有的行为习惯。这种习惯经过适应过程形成集体行动，集体行动历时演化成为共识，从而形成新的稳定的制度均衡，使得网络社会制度发生演化。

在这个对网络社会制度演化一般性过程的描述中，物的维度中技术进步的推动作用，心的维度中行为主体认知模式及偏好的协调及影响，社会维度中信息成本的变化以及行为主体间的博弈，都被纳入到演化过程的分析框架中。当然这只是一个初步的框架，是将制度分析的方法引入到对网络文化演化机理研究中的尝试性探索。

进一步的研究可以考虑从以下两个方面展开，一是将现实社会与网络社会之间的互动纳入到分析框架中，因为网络社会中的行为主体仍然是现实社会中的人；二是需要进一步研究主体认知和偏好的协调过程，研究这些过程在网络社会中的特定规律。

## 2.4　网络社会对中国传统社会关系的重构

人与人之间连接方式的不同是网络社会有别于现实社会的根本区别。在网络社会中，基于虚拟数字信息的人际连接方式，所改变的并不仅仅是人与人之间信息的交互规则，从更为广泛的意义来看，网络社会既是现实中行为主体开展社会活动的便利场所，是现实社交场域的虚拟数字化拓展，也是行为主体对于理想自我的构建与释放。正因如此，相对于现实社会而言，网络社会具备更为显著的二重性。在个体层面，表现为现实自我的存在，以及虚拟自我的彰显；在群体层面，表现为现实社会熟人关系圈子的网络化聚焦，以及基于自身兴趣选择的虚拟社群关系的聚集。因此，网络社会对于中国传统熟人社会关系的影响体现在以下几个方面：

### 2.4.1 自我意识构建：独立性与黏着性的统一

网络社会中个体的自我构建及社会人际关系构建机制与现实存在差异，在增强个体独立性的同时，也提升了个体对于熟人圈子的黏着性。网络自诞生之初就在其工具属性的层面，具备自由连接、平等交流①、身份隐匿②、超越时空等特征。这些特征在一定程度上赋予了使用网络的个体释放自身精神诉求的自由。网络社会活动对于现实中个体所具有的相对隔绝③，更有利于个体对自身产生内省式的关注，有利于自身理想形象的构建，个体的自我意识在一些场合得到增强。这在一定程度上，对于传统熟人社会中个体压抑个性、遵守规则，以追求群体秩序和谐的集体主义价值观是一种挑战。

另一方面，网络使得个体进行社会活动的边界得到了扩展。单就信息传递的效率而言，网络增强了个体开展线上或线下社会活动的能力，为个体提供了更多与他人建立联系的机会，以及可选择的方式。

---

① 平等交流：这里的平等交流是在使用网络的沟通方式和基本权利层面的平等交流，并不代表网络中人际的影响力是平等的。

② 身份隐匿：使用假名和虚拟身份是网络社会的惯例，但真实身份不一定就是隐匿，这其中有主动隐匿，以及被要求提供真实身份验证两种情况。因此，身份的隐匿指的是在网络的前台真实身份的可隐匿性。

③ 相对隔绝：在使用网络的过程中，个体专注于自身感受，缺乏与外界和他人的面部表情、肢体语言等方面的互动，从而带来与社会活动中其他参与者在物理上的相对隔绝。

从自身出发，个体利用网络进行自我展示，从而可以采用比现实中更可控，并且更具有策略性的人际交往模式，构建基于网络的社会关系。这为网络社会中的个体同时提供了两种能力，一种是脱离的，带有扩张性的力量，离开现实中的熟人圈子，经由网络构建新的社会关系，甚至以现实中截然不同的人格与社会身份融入到完全独立于现实的社会关系集合中；另一种是黏着的，实现程度更加紧密的附着，将网络本身的工具性运用于个体对于现实中熟人圈子关系的维系，也可以认为是将现实中存在的社会关系搬迁到网络中，网络的超越时空链接方式，使得原本在现实中难以维系的社会关系，在网络中以较低成本的方式得以保持与巩固。网络赋予了个体更多选择的自由，但网络本身无法取代个体的现实基础，网络社会与现实社会中的人际关系，在心与物的交融之间，在虚中有实，实中有虚的纠缠之间，以相互独立却又紧密相关的方式联结在一起。

### 2.4.2　多重人际格局：传统熟人社会基础的瓦解与延续

网络社会的物质形态是计算机信息硬技术和使用网络开展社会交往的人。基于行为人对于计算机信息软技术的使用，经由虚拟数字信息的交换构成了网络社会，实现了由物及心的映射。在网络社会中，内省性的自我精神关注和强大的信息交互能力，在主观的维度赋予了行为人极大的自主与自由。一方面，通过网络，人们可以便捷地建立联系，有近似兴趣点，或是相同关注点的人们很容易聚集在一起；由网络中的一个个虚拟身份，聚集起相互联通，但结构上并不平衡的一个个社会关系集合。

然而，完全缺乏现实社会基础的联系往往是不稳定的。随着网络环境的变化，以及注意力焦点的变化，这类联系呈现出"其兴也勃，其亡也忽"的特点。另一方面，网络也有效地整合了一部分原本只在现实中进行的社会交往活动，为现实中存在关系连接的熟人们提供了社会互动的工具与场所，甚至是更加深入了解对方深层次精神世界的机会。在现实中建立起的熟人关系，通过网络中的社交，相互间的熟悉感和信任感可以长期保持并延续。

从网络与现实的关系来看，现实中熟人社会的关系结构在网络空间中的投射，并不能改变其本质，传统熟人社会人际交往的基本逻辑在网络中基于熟人的社会交往活动中依然是存在的。但以更为长远和宏观的演化论视角来看，网络社会的本质与功能，以及网络对于现实的普遍渗透，决定了网络社会必然会对传统熟人社会带来影响。这种影响和作用并不能直接撼动传统熟人社会的文化根基，以及人际交往与社会运行的基本逻辑，但是却以特有的方式瓦解了传统熟人社会运行所赖以维系的一些基本条件，比如地域的封闭，血缘关系的聚集，以及信息在熟人群体内部的相对透明等。

### 2.4.3 双向作用机制：熟人社会分散与凝结的统一

一种普遍的观点认为，中国传统熟人社会的现代化进程，在很大程度上表现为熟人社会向陌生人社会①，即公民社会转型的过程。公民社会被认为是西方法制系统能够顺利运行的基础。黑格尔阐述了与个体有关的两种社会实体，一是家庭，二是社会。他认为家庭中的个体不是独立的人而是成员，人们用爱的原则而非利益处理相互之间的关系。

走出家庭之外的社会是公民社会的起点，公民社会中人与人之间的关系是独立的，而社会交往的基础是相互间的"需求交换"。也就是说，以个体独立为前提的相互依存是公民社会存在的基础。他还指出国

---

① 陌生人社会是相对于熟人社会的概念，用于形容相对于中国传统以"熟人"为交往基础的社会而言，西方公民社会所具有相对平等、独立、互不干涉的"陌生人"特征。

家应为公民自觉自为基础上的理性联合，而公民社会是与家庭关系相区别的联合体，在这个联合体中，每一个人都作为一个独立的人格而存在，按照自己独立的意志行事，为自己的特殊利益奋斗。可见，公民社会遵从的是以成员独立个体为前提的，以平等和相互尊重为基础的现代文明价值。

中国传统社会的差序格局决定了，中国人对于个体以及家庭的范围界限并不像黑格尔定义中的那么清晰。个体的独立性，以及对于他人的平等性，视社会交往的具体情况存在较大的差异。网络社会在加强个体独立性的同时，也在特定的范围内瓦解独立性。网络社会使得个体更关注自身，为个体释放精神需求，构造理想的虚拟身份提供了场所。同时，信息的快速流通与易得，都会在一定程度上增强个体的独立性以及个体的自我意识，这或许会逐步成为构建有效运行的公民社会的基础条件。然而，网络社会交往所固有的虚拟性，信息的超负载性，以及网络环境的快速变化，在一些场合也会成为对个体归属感以及独立意识的破坏，网络中广泛存在的去个体化效应①就是这种情况的表现。

网络社会中的人，终归还是要回归以现实为基础的社会存在。网络本身无法直接重构熟人社会的文化根基，漫长的农耕文明使得村落熟人社会成为锻造中国人行为逻辑的基本场域。熟人社会是理解中国人际心理与行为的起点，而网络的结构开放性和信息流通性改变了传统熟人社会现实中的两大特性——长久性与非选择性。然而，这种改变并非消除，而是在瓦解的同时，通过更为复杂的形式联系在一起，以超越时空的方式延续着差序格局下的人际关系网络。因此，在不涉及对社会文化及基本行为逻辑再造的前提下，网络社会对于传统熟人社会运行的作用

---

① 去个体化效应：当个体处于群体时，由于身份的隐匿性等原因，个体理性意识出现弱化，对行为的规范和限制放松，导致冲动行为和偏差行为的增加。

是双向的，是一种双向作用机制，在提供平等、开放、独立的同时，也造成了局部更为紧密的凝结、封闭，以及依存。

## 附录一：制度的本质

英国社会学家泰勒曾将文化定义为社会成员所获得的全部能力和秉性，认为一个社会的文化附着于习得的制度和支持这些制度的价值观念。而几乎所有关于制度演化的理论都围绕一个共同的主题，即规则和秩序的生成和变迁。文化作为制度现象的土壤和依托，与制度是共生演化的；而人类正是在文化与制度演化的过程中学会了如何协调社会。

所以，制度的本质植根于一个社会的文化基础；而文化其实可以被视为广泛意义上的制度现象。可见，制度一词的内涵有广义和狭义之分。狭义的制度指正式的规则约束，是那些书写记录下来的条文。而新制度经济学理论中的制度一词，指的是广义的制度，其涵义要广泛得多。

首先，制度是一种带有集体共识的行为意向，其本质是一种集体行为的选择，产生于以较低的成本实现人类合作的基本社会需求。哲学家赛尔曾说过，制度的存在必须具备某种集体意向性。诺斯则认为制度产生的条件主要有二，一是人数众多，二是缺乏信息或信息不对称。制度产生于缺乏信息或信息不对称情况下，人们为协调集体行为而达成的共识。

第二，制度是社会发展演化的产物。肖特认为制度是集体行为达到某种均衡时的规则，或作为"均衡"的行为模式。这种均衡形成了某种秩序，秩序维持一段时间就会产生并转变成为非正式约束，如惯例，而一旦习俗和惯例变成了正式约束，它就成为了狭义的制度。哈耶克则更是持一种制度的演进主义的观念：他认为制度是一种扩展的秩序，是人类行为演进的产物，而不是设计的产物，因为制度演化的每一步都包含着人的努力。那些并非出自于集体行为自发博弈而生成的秩序，而是由领导者强加实施的规则，实际上是不稳定的，容易发生变迁。制度的发展与变迁，必然是渐变的，不是突变的。

第三，制度是对人类社会行为的约束。诺斯认为制度为政治、经济和社会交往提供了结构，即"制度结构"。这种结构分为两类，一类是正式制度，包括宪法、法律、财产权利等规则，即狭义的制度；而另一类是非正式制度，包括禁忌、习俗、传统、社会习惯以及行为规范等。诺斯认为制度的目的是要建立社会秩序，以降低交换行为的不确定性。

第四，制度对人与社会具有激励作用。诺斯曾提出"当制度所提供的经济激励结构发生演变时，改变制度结构便会影响到经济变动的方向——增长、停滞或者衰败"，也就是说制度为经济绩效提供了激励及支持。事实上，制度并不仅仅提供经济激励，它也为人类的一切社会活动提供激励。

总而言之，制度产生于人类社会演化过程中集体行为通过协调达成的共识，随着社会的发展演进而发生变迁；通过约束和规范机制降低人们社会行为的不确定性，从而对社会的有序运行提供激励与支撑。制度产生于人类集体行为通过博弈实现均衡的过程，是集体行为在特定时期的稳定状态，是均衡的、静态的世界观。对制度的演化进行研究，则需要以发展的、变化的、综合的眼光来看待文化与制度的演化过程，是演变的、动态的世界观。

# 附录二：互联网发展的三个阶段

中国互联网的发展历程可以大致划分为引入期、商业价值发展期、社会价值凸显期三个阶段：

第一阶段：引入期

中国早期互联网的引入是由学术需求推动的。这一阶段，互联网在中国的应用主要体现在作为信息检索的工具和作为信息通信的工具。应用的主体也主要集中在学术科研机构。1994 年 4 月 20 日，NCFC（中国国家计算机与网络设施）工程通过美国 Sprint 公司接入 Internet 的 64K 国际专线开通，中国实现了与国际互联网的全功能连接。中国实现与国际互联网的全功能连接，互联网被正式引入中国，标志着引入期的结束。在这一时期，无论是推动力量还是应用者，都来自学术和科研机构。同时，中国实现与国际互联网的全功能连接，也标志着中国互联网时代的帷幕慢慢拉开，中国进入互联网发展期。与此同时，中国互联网的应用和推动力量快速向民间转移。

第二阶段：商业价值发展期

随着国际社会对中国接入互联网的认可，中国互联网进入商业发展期。这一时期，来自民间的、商业的、应用层面的力量开始大举进入互联网（主要体现在网站建设上），互联网显现出蓬勃发展之势。根据中国互联网络信息中心的统计，从 1997 年到 1999 年，中国的网站规模迅速从 1500 个发展到 15000 余个，后来形成中国互联网商业格局的几大巨头公司在这一时期基本都已诞生。

移动互联网的发展，以及增值业务的普及促使互联网公司持续不断地探索能够盈利的新的业务模式。尽管互联网行业遭遇了泡沫，但是用户并未因此停止上网的热情。从 1997 年到 2005 年，中国的网民规模从 62 万迅速增长到 1 亿以上。随着网民规模的快速扩张，中国互联网的商业价值也逐渐得到了认可，盈利模式逐渐成熟起来。一些互联网公司开始摆脱对移动增值模式的过度依赖，探索出网络广告、网络游戏、搜索引擎、电子商务等新的盈利模式。

第三阶段：社会价值凸显期

随着网络中自媒体、社交媒体获得快速发展，互联网推动社会进入到"人即传媒"时代。这一阶段，在自媒体等社交媒体的推动下，政府开始探索互联网的治理之道，寻求社会治理和网络民意理性、和谐的互动模式。

作为媒体的互联网进入中国之初，之所以能够活下来，与互联网从业者和政府达成的一个默契关系密切：第一，企业以商为重，不问政治话题；第二，政府放开 IT、娱乐、体育等非敏感领域。在这一默契下，互联网站获得了快速的繁荣发展。在社会价值初显期，在信息源上，互联网对传统媒体还存在较大的依赖与依附性。然而从 2005 年前后开始，随着以博客为代表的社交网络（Social Networking Sites）类应用的兴起，自媒体的影响力不断增强。此时，草根精英借助自媒体的快速崛起，为互联网输送了大量接地气的新闻素材。互联网与传统媒体位置开始倒置，互联网逐渐从传统媒体的舆论放大器，发展成为舆论引导者。

自媒体等社交媒体的快速普及，使得互联网逐渐进入到"人即传媒"时代。首先，作为传播的主体，传播者能够自主选择受众，并向受众传递自己希望传播的信息。这个时候，虽然依然有互联网作为载体，但是它已经作为基础设施退居到后台。如同空气一样，互联网成为了声音传播的介质——它是必要的，但不会反过来控制传播者。其次，作为个体，用户可以自主地选择接收谁的信息，也可以自主地选择成为（或者不成为）其他信息传播者与受众之间的信息承载和传递的中介，这个角色在以前则主要由报纸杂志、电台电视承担。这个时候，作为个体的人同时兼具了信息的生产者、传播者、接收者三个角色，作为媒体的个人，获得了自我成长的动力。

第三章

# 网络社会中人的行为

## 3.1 网络社会的注意力经济

计算机与通信基础设施构成了互联网的技术基础，互联网具有技术属性。但研究网络社会中人的行为，则更需要关注网络的社会层面的属性。网络的社会属性与自然人处理信息的模式，以及信息在互联网中交互传播的基本规律有关。网络社会信息资源的分配中，注意力经济是一个至关重要的基本规律。最早提出注意力经济概念的是赫伯特·西蒙教授，他最著名的贡献之一就是基于人类有限理性的决策理论，并因此获得 1978 年诺贝尔经济学奖。早在 20 世纪 70 年代，他就曾富有洞见性地指出"信息的丰富导致注意力资源的贫乏"。之后，随着信息科技的进步，互联网的崛起，信息的爆炸性增长，使得对网络中人注意力分配的研究迅速受到广泛关注。在网络社会，信息资源是过剩的，真正稀缺的资源成为了网络中人的注意力；甚至有观点认为，在网络中最为重要的资源是人的注意力资源。

经过近三十年的发展，我国互联网已成为规模巨大的网络社会。在网络空间中，基于虚拟数字信息的交互，网络社会日益深刻地对人们的社会工作与生活产生重大影响。人们投入到网络社会生活中的注意力持续增长，而网络中的信息量则更是呈现出爆炸式增长的趋势。有限性的注意力增长，在与网络环境中信息量爆炸性增长的交互过程中，推进着网络社会结构以及网络技术的发展演化。这其中，信息获取行为模式的变迁就是一个典型的现象。

将中国互联网注意力资源总体的投入用网民数量（亿）×人均上网时长（小时/周）表示，网络空间中的信息量用网页个数（十亿）表示。这两个指标十五年来的发展趋势如下图所示：

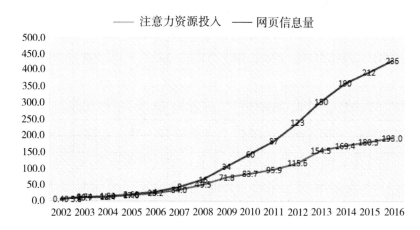

图 3-1 中国网民注意力资源总投入与网页信息量增长趋势（2002-2016）

数据来源：CNNIC 历年的《中国互联网发展统计报告》

如上图所示，十五年间网民投入到网络空间中的总注意力呈现逐年递增的趋势。与之对应的是，网络中的信息量随着网络的日益普及，逐年呈现指数级快速增长。将有限的注意力在无限的网络信息中实现有效配置的需求，推动了网络技术的发展进化。可以说，网络技术应用模式的发展，始终处于使得网络空间中的人获得信息或者交互信息更有效率的演进轨迹上。人们获取信息行为特征的变化，可以划分出有着明显区别的三个不同阶段：

第一个阶段是浏览获取阶段，也称为门户站点时代。主要指我国互联网自诞生以来的前十年。这期间，网民数量规模相对较小，且以社会精英及科研工作者为主。网络总体的信息量相对有限，访问网络站点是网民获取所需信息的主要方式。Web 技术刚刚起步，可视化的网页技术开始快速发展，门户网站是该阶段最为主流的网络应用。

第二个阶段是主动搜寻阶段，也被称为搜索引擎时代。随着网络中信息量的增长，通过浏览网站已经很难精准地定位到所需要的信息。搜索引擎技术的出现，大大提高了网民获取信息的效率，因而得到了广泛应用。网民获取信息的行为也由被动式的浏览，转移到通过搜索引擎进行主动查询。

第三个阶段是自主定制阶段，也被称为社会化媒体时代。数据显示，几乎每过一年，网络中的信息量就要翻一番。在移动互联网络时代，信息爆炸式增长的趋势则更为显著。全世界每秒发送 290 万封电子邮件，一个人需要 5.5 年夜以继日才能读完。微信每日新增数据 500TB，比人类所有书籍存量还多，QQ 每日新增数据 200TB。

在网络中信息量已海量化时代，通过搜索引擎查询信息已无法满足较高的精准性和有效性的需求。网民获取信息的方式开始向着定制化转变。微博、FaceBook 等交互性较强的应用出现，使得网民可以自主定制所需要的信息，可以将虚拟空间中的信息来源限定在一定范围内，人们相互间的交流互动也变得更为有效。从各类网络应用使用率变迁的情况来看，2012 年以后，网民花费在诸如微博、微信等社会化媒体类应用的时间，已经超过了搜索引擎。

表3-1 信息量、技术，以及信息获取行为特征

| 网络发展阶段 | 大致对应时间段 | 技术维度 | 网络信息量（网页个数） |
|---|---|---|---|
| 门户站点时代 | 1994年—2001年 | www. 技术 | 小于10亿个 |
| 搜索引擎时代 | 2001年—2008年 | Web2.0技术 | 10亿个—40亿个 |
| 社会化媒体时代 | 2009年以后 | 后Ip技术时代 | 大于40亿个 |

网络中信息量持续爆炸式增长，新技术革新迅速，但人类自身记忆、加工、处理信息的能力却没有显著提高，面对虚拟社会中海量的信息，人们需要更新的技术和应用来提升获取有效信息的效率，以应对由海量信息带来的日益增长的信息成本。人们在网络中获取信息方式的改变，是一种网络文化的演化现象。其背后的机理可描述为在人类有限的信息处理能力约束下，随着技术的进步，人们进行信息交互体现出发展演化的自发秩序，随着虚拟社会环境的变化，向着更有效率获取所需信息的集体行为秩序的演变过程。在社会化媒体时代，网络中信息的传播具备以下几个特征：

一是网络信息发布机会的平等化。网络中每个信息节点在向网络传递信息的接入端上是平等的，网络的接入形式具备自由、自主、无中心的特点。特别是在网络"社会化媒体"的时代，信息的控制权进一步由网站转移到了网民手中。每个网民都可能瞬间成为注意力关注的焦点。随着"社会化媒体"类应用的深入发展，网络信息节点"多级中心化"的特征将会更加明显。

二是网络行为"碎片化"。"碎片化"包含两层含义。首先，信息量上的碎片化，在网络中人们注意力容易分散，对同一信息关注的时间非常有限，在大多数场合，短小精悍的信息更能获得人们的注意力资源。在网络"社会化媒体"时代，每条信息所负载的信息量被压缩到

极致的同时，也破坏了信息的完整性。其次，时间上的碎片化。随着移动互联网技术和终端的发展，网民上网的自由度得到大大提升。网民不再需要花大块的时间坐在电脑前才能上网，网民可以在学习和工作的空隙，通过移动终端方便快捷地接入到网络中。

三是网络文化的"多元化"。随着网络在社会不同阶层人群中的渗透，以及各类社会化网络应用的普及。在兴趣取向、文化素养、价值观念等方面有共同点的人群开始逐步聚集、分化，衍生出多样化的网络群体，创造出网络文化多元化的格局。社会网络中的交流并不局限于任何特定的人群，不管信息交互基于哪一个信息技术设施，拥有相似目标的人最终会联合到一起。社会化媒体在全球范围内的广泛连接，显著地增强了这种效应。

然而，网络接入端使用权利上的平等性，却并未带来网络社会影响力结构的平等。人们在万维网中的浏览行为，呈现出一种很强的实验性规律，被称为"冲浪定理"。在人类注意力资源有限性的约束下，随着网络中信息量的爆炸式增长，网络中网页得到用户关注的平均概率大大降低。因此，网络中的网页对于人类注意力资源的竞争呈现出"赢者通吃"的规律。比如在搜索引擎中查询特定的关键词，排在搜索结果前面的网页自然会受到更多关注，有价值的信息可能会埋藏在搜索结果列表的后面来呈现，人们对排名在前的网页信息的关注，更强化了排名在前的网页的地位。网络社会化媒体中账户的影响力可以用该账户所连接的粉丝数量来表示，拥有粉丝数量越多的账户就具备更大的信息传播上的优势，能够获取更多的曝光度，得以逐步积累网络社会资本，使得对其的关注具备更大的价值。

网络社会的注意力较为普遍性地满足幂率分布，即少数网络节点获取了网络中大部分的注意力资源。

## 3.2　基于计算机中介的交流

在互联网广泛普及之前，社会中的大多数人通过传统媒体来交换信息，如面对面（FTF：Face to face）交流，信件，无线电，乃至电话。随着信息技术的迅速发展，互联网已经成为最为重要的沟通媒介。人们已经开始通过计算机终端来表达意见。在互联网构成的虚拟空间中，相对于现实世界中的交往，在线交流对于交互的过程以及信息控制力度更强。因此，人们在网络交流中所表现出的心理模式与现实世界有所不同。

互联网为人类社会提供了一种全新的交流媒介。在网络社会，人们基本上是通过计算机为媒介进行交流，因此基于网络的交往被称为"计算机中介交流"　（CMC：computer mediated communications）。Romiszowski 和 Mason 将其定义为人们使用网络化的通信系统的编码、解码和传输功能，进行信息创造、信息交流和信息理解的过程。由于媒介的不同，网络中人们的交流模式与现实中存在较大差异，而这是网络行为和心理学研究所必须要探讨的关键所在。总的来说，计算机中介交流与面对面交流相比，具有以下几个特点：

一是缺乏社会临场感。在传统的面对面交流中，面部表情、肢体语言、谈话者体态等非语言信息，在人际交流中起着重要的作用，会传达许多的信息，这些对于提升交流的社会临场感都非常重要；高水平的社会临场感与人际关系的亲密程度存在相关性。但这并不意味着计算机中介交流会降低交流双方的亲密程度，研究显示，一些在线关系比现实中面对面的交往更能让人感觉到亲密。

二是交流的异步性。基于计算机中介交流可以不受时间和空间的限制，对交流实时性的要求不高，人们有更多的时间来思考和控制所交流的信息。例如可以通过搜索引擎查询资料和信息，或是利用软件美化照片，以更好地塑造个人形象。

三是社会线索缩减。计算机中介交流减少了面对面交流时可以利用的社会背景线索[①]，因而会降低人们根据情景和双方反应来调整交流目标和沟通方式的能力。

## 3.3　网络交流中的均等假说

均等假说（Equalization Hypothesis）是基于计算机中介交流所固有的特征提出的，认为网络为人们提供了比现实中更平等的社会环境。网络社会生活一大显著特征是个体的外貌能完全隐藏，与现实社会不同，网络中的交流，可以完全不受现实社会线索的影响。研究证实，人的外貌对社会生活有着非常重要的影响。人们面对不同的对象会使用不同的交流方式，性别、种族、年龄、民族、外表吸引力等都会对此产生影响；甚至，连社会权利的等级分配也与外貌有关。网络所营造的虚拟空间，减少了个体获取对方社会线索的数量，这样便为网络中交往的人们营造了一个相对平等的平台。因为，没有了这些社会线索，个体就不会对他人产生刻板的成见。此外，在网络匿名的环境下，社会地位较低的个体能够摆脱现实中的社会角色，有机会做出一些在现实中无法产生相应影响力的事情。可以说，对那些在现实中处于弱势的群体而言，网络社会赋予了他们更多的权利和可能性。

---

① 社会背景线索分为静态线索和动态线索，静态线索来自个人的外貌、环境等，而动态线索来自互动过程中的非语言交流。

　　大量研究致力于探讨网络均等假说是否成立，但却得出了不同的观点和结论。一些早期在实验室里开展的研究支持了均等假说。Siegel 等人开展了一项研究，以探究基于计算机中介交流时，被试是否比面对面时表现出更加一致的参与性。实验结果表明，基于计算机中介的交流，被试的参与性更趋向于一致。Dubrovsky 等人的研究进一步证实了这一观点。他们的研究考察了匿名性和社会地位对于参与讨论积极性的影响，为了控制地位这一变量，研究人员将一位 MBA 硕士生和三位大一学生安排在同一组。为了防止性别对地位的潜在影响，每个群体都是单一性别。实验结果显示，在计算机中介交流中，不论地位高低，成员的发言次数都相同；即使在他们知道了各自的身份以后，结果也没有改变。这些在实验中开展的研究从实证的角度支持了网络均等假说，即在网络中人们的交流更为平等。

　　尽管以上研究证实了均等假说，但却存在局限性，因为这些研究都是在实验室中进行的，而参与者之间并不知道对方的身份，无法广泛地合作，因而研究的结论难以被推广到更广泛的领域，以描述网络社会中真实的人际交流。因而，进一步的研究将更多因素纳入到对均等假说的验证中，却得出了不同的结论。比如考虑性别因素、种族因素、社会地位等因素后，网络社会中的人们并不能比现实社会实现更平等的交流。

　　Herring 认为，计算机中介交流不像理论家说的那样具有"民主化效应"，因为她认为真正平等的交流应具备两大条件：一是能使用通信手段；二是自由地交流，并且不受到身份地位的约束。她研究了大学生在讨论学校电子公告栏上的语言学问题时论坛成员的回应。结果表明，女性成员的参与度比男性成员要低得多，即使女性参与了，一旦在某一问题上占了上风，男性成员往往会退出讨论，或是对这次讨论加以批评，并发布信息声称希望讨论就此中止。

　　Matheson 的研究也得出了相似的结论。她安排实验者通过计算机来进行谈判，以参与者是否知道对方性别信息作为控制变量，对比不同情形下他们对谈判"对手"的看法。结果表明，当参与者不知道对方的性别时，他们的评价都很客观。然而，如果参赛者知道对方的性别，那他们的评价就会落入俗套，认为女性对手更合作，而男性对手更有剥削倾向。其他研究还发现，计算机中介交流中经常产生成见。比如 Weisband 等就曾研究不同类型的交流中（面对面或计算机交流），不同地位的成员参与度，以及他们对讨论结果的影响力。她发现在这两种交流情景下，社会地位高的成员影响力更大，这种效应在计算机中介交流中显得更为明显。

虽然不同研究得出了不同的结论，但这些研究的结论都是建立在许多前提条件之上的。对于均等假说的支持或质疑，依赖于实验场景的设计，更依赖于向参与者者所透露的社会背景信息。即使是基于计算机中介的交流，当参与者获得了一些社会背景信息之后，比如性别、社会地位等，则参与者之间的交流难以实现完全平等自由的参与。但这并不能完全推翻均等假说，反而从另一个角度支持了网络社会中的匿名性在某种程度上能够实现更加平等交流的观点。

## 3.4  网络中的双重自我意识

人类有两种基本的意识状态——客观的自我意识和主观的自我意识。当个体关注其内部世界时产生的是主观的自我意识，而当个体关注其所处的环境时产生的是客观的自我意识。Prentice Dunn 和 Rogers 在由他们提出的双重自我意识理论中将行为主体的自我意识分类两类：公众性自我意识（Public Self – awareness）和个体性自我意识（Private Self – awareness）。如果行为主体更多受到自身内化标准的影响，则处于个体性自我意识，会更多地关注自身内化的需要，顾及自身的形象和价值标准；若行为主体更多地受到外部标准的影响，则处于公众性自我意识，会尽量使自身行为与外部的标准保持一致。研究发现，自我意识的唤醒水平不同会导致不同的行为后果。

个体性自我意识指的是主体对仅仅属于自身内在因素的关注，如情感、态度、价值观等，关注于内心深处隐藏的自己。个体性自我意识的唤醒会激发个体内部动机的行为、需要或标准，会使个体依据内在的标准来检查自身行为，使行为与标准相匹配，个体性自我意识会对自我存在感产生加强作用。

公众性自我意识指的是人对于自我所承担的社会性角色的关注，当公众性自我意识被唤醒的时候，个体意识到自己应该承担的社会责任，会更多地管理自身对他人的印象，并监控来自他人的反馈。行为主体希望获取他人的支持，或关心他人对自身的看法和评价，期望遵守社会准则，并维系其公众形象，或是尽可能使自身行为更符合群体的行为标准时，都会提高公众性自我意识。

去个体化效应指行为主体处于丧失个体性自我意识的状态，处于该状态中会忽视社会规范和社会标准，并不遵从于权威或法律。当处于去个体化效应时，行为主体会变得冲动，缺乏判断力，喜欢冒险，自我控制力和对他人的同情心下降，采取行动前不经认真思考。他们不掩饰自身真实的感受，缺乏敏感性和基本的礼貌。去个体化效应的产生与行为主体身份的隐匿性有着关联，比如匿名，或是处于人群中的个体，容易进入去个体化效应状态。当可识别自身真实身份的信息线索减少时，会减轻行为主体行为不端时的负罪感，减轻行为主体对权威的遵从感，带来公众性自我意识的下降。公众性自我意识下降可能会导致去个体化效应，但双重自我意识的同时下降则很可能会导致去个体化效应。

双重自我意识理论认为，公众对外部线索的关注会唤醒其公众性自我意识，会减弱其个体性自我意识。

此外，这两种自我意识的唤醒水平受到所处环境中两种线索的影响，一是责任性线索，即引起主体注意到自身所担负的社会责任的环境信息；二是注意性线索，即引起主体对自身状况产生关注的信息。当处于匿名情形时，主体所处环境中的责任性线索下降，从而降低个体对自身不规范行为的责任感，使得公众性自我意识下降，有可能会造成失范行为的发生。

## 3.5　网络中的自我表露行为

人类是一种社会性动物，每个人的一生中，绝大部分活动都需要通过与他人的互动协作来完成。人也是唯一具备言语能力的生物体，言语能力的产生，来源于人类进化过程中的沟通与协作。沟通交流是人类社会赖以形成并运转的基础，可以说，每个人的天性中都具备与他人相互交往的基本能力及心理需求。在各类社会活动中，人们借助不同的媒介以不同的形式传递信息。人们表露关于自己的信息、想法或者感受的过程就称为自我表露。

自我表露对人际关系的形成具有重要意义，也是人们认知自我，并与外在环境不断协调的过程。著名心理学家卡尔·罗杰斯早在 1986 年就提出，在一个值得信任的关系背景中把自己公开的表露给另一个人，是逐渐认识并理解自我的重要一步。现代心理学的研究表明自我表露具有重要的社会功能，能增进个体的自我认识，有助于问题的解决，促进自我与他人关系的建立和发展。适当的自我表露有益于生理和心理健康，特别是对创伤性经历和负面情绪的表露可以有效缓解负面情绪和心理压力。自我表露在亲密关系的维持和发展上起着重要作用。

　　然而，人类的社会交往活动中也普遍存在着"说谎"和"隐藏"的现象，人们会根据情景的需要巧妙地隐藏自身真实的信息、想法，以及感受。表露隐私可能使人感到脆弱，因为表露自我有关的一些信息意味着某种不可知的风险性，因此，自我表露的界限有公开和隐藏之分。个体会根据一种界限机制，来决定个体隐私的保密与否。也就是说，人们会在各种关系之间进行权衡，在隐私与公开，距离与亲密，依赖与独立之间找一种平衡。

　　自我表露行为是一种社会行为。西方学术思想在苏格拉底之后，逐步体现出主客两分的逻辑。自我是主体，因而环境可以视为与之相对应的客体。环境包括表露的对象以及行为发生的场合。表露者与表露环境是相互关联，相互影响的。也就是说，表露行为受到主体及环境两方面因素的影响。

　　新古典经济学的决策理论，总是赋予决策人完全理性的假设，主体总能准确并完全的对自身以及所处的环境做出判断，总能在不存在任何交易成本的情景下，在众多备选方案中选出效用最大的那个。然而，处于社会中的个体实际上无法做到完全理性，而是具备一种有限理性的特征。由于认知的局限性和信息的不对称性，人们对真实世界的认知总是存在一定偏差。因此，在特定的场合中人们往往无法完全准确判断应如何适宜地表露自我。

　　（1）环境的不确定性

　　个体身处的表露环境 V 中包含环境的各种不确定因素，比如：文化差异、隐私泄露、人际关系、身体健康、经济环境等，与这些因素有关的诸多不可控因素会对环境产生影响。现将不确定性因素的集合表示为向量$\vec{e}$，以描述个体所处表露环境的不确定性和复杂性。

　　（2）个体的有限理性

　　个体鉴别环境风险的能力，包括知识修养、经济条件、社交圈、社会地位、性格倾向、亲友关系等，表示为向量$\vec{p}$。个体是否选择自我表露，取决于个体对于表露自我信息的风险认知。内倾倾向的决策集为A，即个体选择隐藏自我，不表露自我。外倾倾向的决策集为B，即个体感知安全，愿意表露自我，感知安全与个体的判断力有关。个体选择B，即个体判定环境安全，选择表露自我。个体判定环境适宜，并不代表环境适宜，而是基于有限理性的判断。选择B，个体可以享受由倾诉带来积极的心理感知以及影响力和人际关系的提升，因此，在有限理性假设下，此时，选择B是符合理性的，但由于无法完全正确判断环境是否适宜，选择B可能是存在风险的，可能会有隐私泄露以及人际形象受损的潜在负面影响。

假设行动B以概率$\pi(\vec{e})$成为个体在场合V内的正确选择（即个体正确判定环境安全性，选择表露自我），以概率$1-\pi(\vec{e})$成为个体在场合V内的错误选择。但由于环境不确定性及系统风险性，个体对此并不知晓，这一概率与个体能力无关。

假设个体基于有限理性能力，以条件概率$r(\vec{e},\vec{p})$在场合V内意识到行动方案B是正确选择。条件概率意味着方案B已经以$\pi(\vec{e})$成为场合V内的正确选择了，并且个体意识到B是正确选择。因而，这一条件概率依赖于决策环境$\vec{e}$，以及个体的能力$\vec{p}$。以这样一个条件概率，选择B给个体带来的收益（即在恰当情况下进行自我表露的收益）表示为$g(\vec{e})$，它仅与环境不确定性有关，个体此时已经做出了抉择，其能力已经反映在条件概率$r(\vec{e},\vec{p})$里。

另外三个条件概率分别为：①在场合V内，当B以概率$1-\pi(\vec{e})$不是正确选择时，个体却认定B是正确选择的概率$w(\vec{e},\vec{p})$。即，在场合V不适宜进行自我表露，但个体判定应该选择表露的概率。这时候，选择策略B将给个体带来损失，由于损失仅与不确定性有关，因此与收益一样能力已经反映在判断力，记为$l(\vec{e})$。②在场合V内，当

B 以概率 $\pi$（$\vec{e}$）是正确选择时，个体认定 B 不是正确选择的概率为 $1 - \pi$（$\vec{e}$）。③在场合 V 内，当 B 以概率 $1 - \pi$（$\vec{e}$）不是正确选择时，个体意识到 B 不是正确选择 $1 - w$（$\vec{e}$, $\vec{p}$）。

这三个条件概率，只有①与选择 B 有关。当出现②和③的时候，个体选择策略 A，即不进行自我表露。

（3）模型分析

根据有限理性假设，个体选择 B 时，若预期收益大于预期损失：

$$\pi(\vec{e})r(\vec{e},\vec{p})g(\vec{e}) > [1 - \pi(\vec{e})]w(\vec{e},\vec{p})l(\vec{e}) \tag{3-1}$$

临界状态为：$\pi(\vec{e})r(\vec{e},\vec{p})g(\vec{e}) = [1 - \pi(\vec{e})]w(\vec{e},\vec{p})l(\vec{e})$ (3-2)

则临界状态由等式（2）确定

等价变换为：

$$\frac{r(\vec{e},p)}{w(\vec{e},\vec{p})} = \frac{[1 - \pi(\vec{e})]}{\pi(\vec{e})}\frac{l(\vec{e})}{g(\vec{e})} \tag{3-3}$$

此时，等式的左边为判断正确与错误之比，可视为选择 B 的"可靠性"。而等式的右边只与不确定性有关，表达了个体选择 B 的损失与收益之比。

定义：

$$H(\vec{e}) = \frac{[1 - \pi(\vec{e})]}{\pi(\vec{e})}\frac{l(\vec{e})}{g(\vec{e})} \tag{3-4}$$

$$T = \frac{[1 - \pi(\vec{e})]}{\pi(\vec{e})} \tag{3-5}$$

根据上式，是否应进行自我表露的收益曲线为：

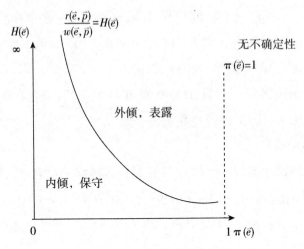

图 3-1　自我表露收益曲线图

可见，在图示中，曲线上的每一点代表 $H(\bar{e})$ 等于主体判断正确及错误的条件概率之比。被曲线分隔出的左下方，主体的有限理性能力和所处环境不确定性和风险性使得表露的预期收益小于预期损失，因而，主体理性的会选择保守策略，不过多进行自我表露，这一区域为保守区域。曲线的右上方，代表主体所处环境风险性较低，主体选择表露所带来的预期收益大于预期损失。因而，有限理性主体在这一区域会选择表露，这一区域为表露区域。

当 $\pi(\bar{e}) \to 0$ 时，环境不确定性极高，个体判断力较低的时候，$H(\bar{e})$ 是无界量。当表露的风险性极高的时候，个体选择"内倾、保守"是符合理性的，是"有限理性"主体的理性选择。

当 $\pi(\bar{e}) \to 1$ 时，代表环境不确定性低时，选择自我表露的风险性较低，主体选择策略 B 的预期收益大于预期损失，此时主体会选择"外倾、表露"的策略。

当 $\pi(\bar{e})$ 处于（0，1）区间的中间数值，比如当 $\pi(\bar{e})=0.5$ 时，等式简化为：

$$\frac{r(\vec{e},\vec{p})}{w(\vec{e},\vec{p})} = \frac{l(\vec{e})}{g(\vec{e})} \tag{3-6}$$

此时，个体的决策根据判断正确与否的比例与选择策略 B 的预期损失与预期收益之比的大小得失进行决策。若：$r(\vec{e},\vec{p})g(\vec{e}) > w(\vec{e},\vec{p})l(\vec{e})$，即选择自我表露的预期收益大于预期损失的时候，个体选择表露自我。

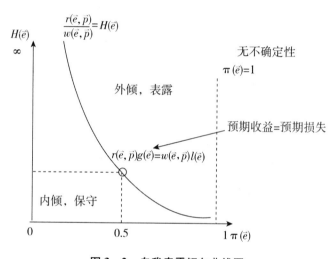

图 3 - 2　自我表露倾向曲线图

对于等式（3 - 3），右侧判断正确与判断错误之比是有界量。而当环境不确定性极大，即判断正确的可能性极小，即 $\pi(\vec{e})$ 趋近于 0 的时候，等式左侧的系数 T 趋近于无穷大，使得等式的右边趋近无界量，从而导致等式无法成立，因而个体的选择落于曲线之下。

在这个模型中，有一个非常重要的前提 $\pi(\vec{e})$，即个体在恰当的环境进行自我表露的概率。$\pi(\vec{e})$ 越大，代表个体在 V 场合进行自我表露的风险性越低，则个体越是倾向于进行自我表露。$\pi(\vec{e})$ 很小时，个体表露自我的风险性较高，则个体选择保守、隐藏自己。

（4）模型的建立与讨论

人类自我表露行为的倾向，受环境中的不确定性以及表露主体的理性认知影响。$\pi(\bar{e})$ 越大，则个体的理性程度越大，越是能够正确判断表露行为的适宜性，则越是倾向于进行自我表露。当 $\pi(\bar{e})$ 接近于 1 时，即主体具备绝对的理性，则主体越是会表现出外倾倾向，会更多地表露自己的观点。如：组织中的领导者总是拥有更多的权力资源、信息资源，以及影响力资源，这些都会增大领导者在组织中的 $\pi(\bar{e})$，因此，相对于被领导者，领导者往往会表现出更高的表露倾向。

在不确定的环境中，人们相互间形成的表露预期决定着等式（3 - 3）的右侧，这种预期非常重要，当主体相互之间经过多次博弈，已经达成了某种预期，比如：对亲密关系的预期。而那些违反了既有预期的行为，将增加环境的不确定性，从而降低决策的"正确—错误"条件概率之比，从而导致行为回到内倾、保守的区域，比如：一次亲密朋友间由于观点不同发生的争吵，通常会在双方之后的交往中出现一段彼此间客气以及小心翼翼的试探性阶段，直至相互间亲密性表露关系的预期重新建立。组织中"枪打出头鸟"之类的打击报复，会影响主体对组织环境的预期，从而使得整个组织陷入沉闷、保守，人人自危的氛围之中。

当表露环境的不确定性极大时，主体往往选择保守、内倾的行为倾向。由于环境中存在种种不确定性因素，有限理性的人倾向于选择保守，隐藏个人真实的想法和意图，让自己的言行更符合各种正式或非正式的规范。不确定性来自于无法确定言行可能产生的后果。比如：在现实生活中，主体难以确定言行可能带来的影响，在越是充满着随机性以及动荡不安因素的场合中，主体越是不愿意表露自我，选择保守的态度。总之，理性能力低的主体，在充满着不确定性的环境中，往往选择保守，不表露自我。

在环境与个体的相互作用中，环境的变化，以及表露行为发生后适宜性的判断会影响主体对决策"正确—错误"的条件概率的感知。当一种场合反复出现足够多次，并且环境的不确定性充分强烈，则有限理性主体的表露行为模式就有可能成为一种"性格"固化下来。一个缺乏社会支持的人，由于在各种场合的表露行为长期得不到正面支持，会渐渐免得沉默寡言。

不确定性的存在使得主体所处的环境具有多变性，特定的场合很少重复。随着时间的积累，主体遇到越来越多的不同情景，因而积累了对不同场合的理性认知度。这种积累形成了多样化的表露风格，甚至可能成为一种文化或传统，固化在民族、地缘，或是家族血缘之中。中国的传统文化总体上看是一种内敛的文化，强调"克己复礼"，盛行"温良恭俭让"、谦虚低调的处事风格。从环境存在不确定性的视角来看，这也许与我们这个民族漫长而又曲折的历史存在某种关联。中华民族是个命途多舛的民族，五千年的文明史虽然写满了灿烂与辉煌，但也充斥着侵略、战争、国家体系的分崩瓦解，以及朝代更迭过程中的血腥与动荡。在危机四伏和激烈斗争的环境中，系数 $T \to \infty$，使得个体的行为总会落到曲线之下。这类情景反复的出现，使得谦虚、低调，习惯隐藏真实想法的行事风格被逐步固化在中国的文化传统之中。

## 附录：赫伯特·西蒙与有限理性决策

赫伯特·西蒙（Herbert A. Simon，1916～2001），一生共获得过 9 个博士学位，研究涉及政治学、经济学、管理学、社会学、心理学、运筹学、计算机科学等不同领域，并不仅仅是涉猎，而是在这些领域都达到了学术巅峰。西蒙曾经获得不同领域的 10 项最高成就奖，包括诺贝尔经济学奖（1978 年）、图灵奖（1975 年，计算机领域最高荣誉）、美国心理学会终身成就奖（1958 年）、美国国家科学奖等。他被称为人工智能之父、决策理论之父、行为理论的先驱、心理学量表之父。此外，他还开发了世界上第一个表处理软件 AI、开发了世界上第一个棋牌游戏、世界上第一个语义网络软件、世界上第一个能够运行的人工智能软件。

让赫伯特·西蒙荣获 1978 年度诺贝尔经济学奖的，是他在决策理论研究方面的突出贡献。在著作《管理行为》中，他就分析了"完全理性"和"非理性"的片面与不足，从而提出了管理决策的"有限理性"观点。随后，随着他对于人类认知系统研究的逐步完善，他对"有限理性"决策的阐述就日趋深入而系统。

在现实世界中，人们面对的决策问题是复杂的。目标并不十分明确，也很难以用一个准确的目标效用决策函数来进行衡量。同时，人类的认识能力又是有限的。然而，人类理性的有限性与人类认知系统处理信息的基本机制有关。根据 George Miller 等人的发现，快速短时记忆（STM）的容量只有（7±2）项（西蒙认为可能是 4 项），从短时记忆向长时记忆（LTM）存入一项需要 5—10 秒钟（西蒙认为可能是 8 秒钟），记忆的组织是一种表列等级结构（类似于计算机的内存，从内存到外存的存取需要时间）。这些是大脑对于所有任务的基本生理约束。正是这种约束，使思维过程表现为一种串行处理或搜索状态（同一时间内考虑的问题是有限的），从限制了人们的注意广度，人们对于外界信息的接受本质上符合选择性注意的模式。

在有限理性的决策过程受到三个因素的影响，分别是渴望水平（aspiration level）、容忍范围（tolerarence range），以及寻优历史（searching process）。选择带来的满意程度在渴望水平附近波动，只要不超过容忍范围，该选择就是满意的。选择中，事先有一个渴望水平，然后搜索可能的方案，使其结果符合渴望水平，即满意，这是人们通常的选择机制。可见，在西蒙的理论中，决策由计算最优，变成了寻求满意。西蒙认为，合理的决策理论必须要考虑人的基本生理限制，以及由此而引起的认知限制、动机限制，及其相互影响。人的理性应该是有限的理性，而不是全知全能的理性；应当是过程合理性，而不是本质合理性，所考虑的人类选择机制应当是有限理性的适应性机制，而不是完全理性的最优机制。

# 第四章

# 网络社会的匿名性

## 4.1　网络匿名的概念与分类

匿名（Anonymity）指的是主体真实社会身份的隐匿性。实际上有两层含义，一是指行为主体的一种无标识状态（Nameless），二是指无法识别行为主体的个人社会身份信息（Unidentifiability）。可见，匿名是一种社会状态，需要发生在至少有一个对象或观众的情景下。

匿名可以发生在不同的社会情景中，比如处于人群中的人是匿名的，或是较小的场合，比如互联网中两个陌生人的沟通。在网络发展的初期，网络的主要功能是的信息共享，因此，采取虚拟身份与真实身份分离的机制，较好地保证了互联网所具有的开放性的特点，这在一定程度上促进了互联网的快速发展。网络社会的运行是基于虚拟身份的，这使得网络社会中人的真实社会身份具有不同程度的难以识别性。相对于无标识，网络匿名更应视为是一种不可鉴别性，即无法准确得知网络中行为主体的个人信息，如：性别、年龄、宗教信仰、职业等。因此，网络的匿名性被认为广泛地存在于人们的网络社会生活中。迄今为止，大多数有关网络行为的理论模型，都会以某种形式将网络上的交流视为在匿名的状态下进行的。网络中的匿名根据形式和性质的不同，有以下两种分类：

（1）技术匿名和社会匿名

技术匿名指的是行为主体真实身份的不可鉴别性，在社会活动中，删除掉能够鉴别主体个人身份的那些信息，使得主体的真实身份无法鉴别。社会匿名指的是处于特定社会交往情景中的匿名，行为主体的真实的身份无法被识别，原因是缺乏提示身份的信息；换句话来说，行为主体有可能并不缺乏获取其真实身份信息的可能性，但交往过程中在他人的感知上是匿名的。

（2）视觉匿名和泛匿名

网络的交流是基于计算机等电子设备进行的，因此，网络匿名根据形式的不同可分为泛匿名以及视觉匿名。视觉匿名是一种视觉上的不可见状态，具体指通过网络的互动中处于看不到对方实时形象和状态的情形。泛匿名的含义更广，指的是网络中行为主体真实身份的不可识别性，无法准确得知其个人信息，网络中泛匿名和视觉匿名很可能同时存在。网络互动过程中的视觉匿名并不代表交流主体无法确定对方的真实身份，但在交流中，由于无法看到对方面部及肢体反应，视觉匿名下的交流与可视情形下存在心理及行为上的差异。

## 4.2　去个性化效应的社会认同模型

去个体化效应的社会认同模型（SIDE）理论，以社会认同的角度，来探讨网络匿名情形下个体的行为特征，将研究的重点放在了基于网络社会的具体环境变量中。传统的观点认为匿名会带来消极的后果，比如Zimbardo 提出的去个性化理论就将匿名的重点放在消极后果上。他认为大团体中的匿名会导致去个性化状态，个体会失去自我意识感，往往会更容易做出有违行为规范或反社会的行为。最近的研究表明，要精确地描述匿名是如何影响行为的，那这一理由还不够具体，而且并没有证据证明去个性化状态确实存在过。Spears 和 Lea 根据去个性化理论的劣势，提出了去个性化效应的社会认同模型（SIDE）理论。

该理论包含两个方面来阐释匿名情形下的计算机中介交流。一是对匿名的认知，主要围绕匿名如何影响集体和个体的行为，以及个体的社会认同感所产生的作用。二是探讨如何有效地利用计算机中介交流中的匿名（如实现平等，或是个人地位的提升）。

在某种程度上，SIDE 理论印证了网络的放大效应。Spears 和 Lea 曾提出，当个体的社会认同①高于自我认同②时，人们往往会遵守社会规范。在计算机中介的交流中，若社会认同（群体认同感）比自我认同更突出，那么匿名的环境能够加强社会规范对人们行为的影响；反之如果个人认同感更强，匿名环境就会减弱社会规范对人们行为的影响。

根据 SIDE 理论可以推测，匿名方式的不同将导致社会交互作用的差异。当所有的成员都隐藏身份后，群体概念变得突出，成员的群体认同随之激增。当所有成员都面对面实名交流，而只有一位成员匿名时，该个体的自我认同感会更强烈，而他（她）的行为则很有可能会偏离群体的规范。SIDE 理论暗示着可能存在这一现实，若要所有的成员都遵守群体规范并且为实现群体目标而努力有两种办法，一是全体实名并面对面交流，二是全体匿名，没有任何有关身份的线索。大部分有关 SIDE 理论认知部分的研究都支持以上观点。可见，根据 SIDE 理论，要确定网络匿名是否会导致失范行为的发生，具体的社会情境更为重要。

--------

① 社会认同或群体认同指的是个体认可社会或群体的价值取向或行为规范，使自己的行为与社会或群体保持一致。
② 自我认同指个体强调自己的价值取向或行事风格，更加关注于自我意愿的满足。

社会身份的凸显性和视觉匿名等因素对网络社会中的群体行为都有着至关重要的影响。

SIDE 理论所描述的这种匿名对网络社会人际交流的影响是可以加以利用的。行为主体可以通过操纵匿名，以达到一些个人或群体的目的。基于匿名对群体认同和亲社会行为影响的一些基本规律，学者们开始探究如何利用网络匿名性来实现一些个人目的。一系列的研究发现，网络匿名有利于弱势群体在网络社会中获取更多的话语权。处于现实社会等级边缘的人群就经常运用网络社会的匿名环境来伸张在现实社会中不被承认的主张。Flanagin 的实验表明，男性在计算机中介交流中的表现更像面对面交流，他们往往尽可能减少讨论时的匿名程度，倾向于暴露自己的性别；而女性则是试图减少社会线索的外露，并倾向于在讨论时匿名。他们推测这种差异可能是因为女性想要获取与男性更加平等的权利，因为在面对面交流时女性往往难以获得与男性平等的话语权，因此，保持匿名是一种策略，让女性有可能享有和男性平等的权利。与此同时，男性则希望减少匿名程度，以此来维持性别之间的权利差，从而增强自己的权利。Coffey 和 Woolworth 的研究对比了线上匿名和线下实名对争议焦点问题的讨论，发现线上匿名讨论的言论带有种族主义，观点也更为偏激和极端。而线下临场的实名讨论则明显得更为理性、客观，符合伦理规范。

根据 SIDE 理论，网络匿名是有利有弊的，会对网络社会中的交流带来正面或负面的影响，而这取决于利用网络匿名所期望达到的目的。研究已经证明，匿名会对团队工作效力产生影响，处于匿名状态的个体会更具有团队意识，并努力实现集体的目标而非个人目标。然而，如果一个边缘化的团体（如反社会组织）想要推翻一个更有权力的团体的话，这种集体效力就成为消极的因素。行为主体利用网络匿名的目的及方式决定了其相应的后果，而这些后果的利与弊，取决于行为主体个人的观点。然而，基于目前社会规范的主流价值可以判断，匿名带来的积极因素有许多，比如：保护主体的身份及隐私，增加团体意识，以及赋予被现实社会边缘化的人群更多的权力。另一方面，在匿名掩护下的网络暴力、造谣诽谤、虚假新闻、肆意发泄不良情绪等失范行为也较容易发生。

　　SIDE 理论是迄今为止有关网络匿名与网络人际互动的最具影响力的理论，虽然依然存在争议，并处于不断发展与完善中。目前，大部分研究网络匿名的学者都会使用 SIDE 理论来对研究结果进行解释。

## 4.3　网络匿名的相关效应

　　在研究基于计算机的社会交流时，有两方面的因素需要被纳入相应的社会心理学研究中加以考量，一是 CMC 导致的社会线索减少，二是其引起的社会匿名现象。大量网络心理学领域的研究对网络社会中匿名情形下主体的行为特征进行了探索。

### 4.3.1　网络匿名与去抑制化效应

　　网络去抑制化效应指行为主体在网络社会活动中减弱或者完全解除在现实面对面社交中对自身的社会规范约束，从而表现出一些在现实社交中不会出现的行为特征。去抑制化效应有正负面之分。正面的去抑制化效应使得行为主体表现得更友爱，包括更加热情、愿意对他人敞开心扉、情感防卫性下降，试图进行情感的宣泄。负面的去抑制化效应会造成放纵交流、网络暴力、过激言论等网络失范行为。造成去抑制化效应的因素主要有六个，真实身份不可识别，视觉匿名，异步交流，唯我投射①，分离想象②，权威遵从感下降③。匿名意味着行为主体真实身份的不可识别性，研究发现，真实身份的不可识别性会对行为主体的行为以及心灵感知造成影响。一些研究证实了匿名性对网络去抑制化效应的影响。

但一些研究也发现网络匿名性对于去抑制化效应的作用更为复杂。比如 Wodzicki 等学者发现在线群体的个体间差异，参与的目的与匿名性对信息分享的行为存在交互作用。Chesney 和 Su 发现博主的匿名度并不影响博客内容的可信程度。

Noam 和 Azy 的研究考察了身份匿名、视觉匿名，以及缺乏视觉交流对网络负面去抑制化效应的影响。发现缺乏视觉交流对网络负面去抑制化效应产生的贡献最大。进而，认为前人研究对于网络匿名的定义过于宽泛，而没有细致地考虑其他因素。他们倾向于将网络匿名的状态定义为网络中真实身份不可识别性的心理感知。

### 4.3.2 网络匿名与群体极化现象

群体极化现象发生在群体的讨论之中，那些持有相似观点的个体态度变得更加极端，容易与持不同观点的人发生激烈冲突。群体极化是社会心理学领域备受关注的集体行为现象，这种现象在现实中较为常见，

---

① 唯我投射：由于缺乏面对面交流时的社交临场感，行为主体将主观认为的一些人格特征投射到网络社交的对象身上，这些人格特征是由行为主体的想象、需要，以及愿望构建，而网络社交的对象很可能不具备这些特征。

② 分离想象：在行为主体的想象中，将网络世界与现实生活分离开来，认为网络完全是另一个世界。

③ 权威遵从感下降：在网络中人们可以不用考虑社会等级，相对于现实社会，能更加平等地表达自己的主张。

在网络社会中则更为突出。基于计算机的交流，往往缺乏社会临场感①，人们更多关注于自身的观点，使得群体极化现象变得较容易发生。

网络匿名会降低人们合作的意向。因此，在基于网络的交流之中，群体极化现象发生的几率比在实名情形下的面对面交流要高的得多。当处于匿名状态下基于文本交流时，由于缺乏必要的社会信息反馈以及约束社会互动的规则，人们的注意力从其他方面转向信息本身，社会准则不再那么重要，因而交流也变得更加非关系导向，更加关注自我的意志。由于交流双方的社会背景信息缺乏，人们遵从社会规范的动机会下降，对维护自身社会印象的心理需求降低，从而倾向于表现出相对以自我为中心的行为，会更加关注于自身观点而忽视他人感受，这会使得群组的决策变得更极端，从而导致群体极化现象的出现。

### 4.3.3　网络匿名与去个体化效应

去个体化效应指身处群体中的个体失去了个体意识，失去了独立的个性，被融入到群体中与群体言行保持一致。身处这种效应之中的个体对于自身言行是否合乎规范、符合道德标准等的心理约束被抑制，从而导致失范行为的发生。

去个体化效应最早由 Zimbardo 提出，他认为在去个性化效应发生的过程中，一系列先行的社会条件导致个体对自我和他人的知觉发生变化，使个体对自我观察和评价的意识大幅度降低，同时降低了对于社会道德规范的关注，因而个体在正常状态下所具有的诸如内疚、羞愧、恐惧和承诺等对失范行为的控制力量被削弱，使得压抑和失范行为外露的

---

① 社会临场感：是在一个群体共同的交流场合中，交流主体之间对彼此亲密度的心理感知。

阈值降低，导致人做出一些违反常态，甚至是不被社会允许的行为。这一系列先行的社会条件，及其对网络环境的适应性如下表所示：

表 4 – 1　去个体化先行条件与网络中人际交流特征的对应

| 先行条件 | 对网络的适应性 |
| --- | --- |
| 1. 匿名的状态 | 处于身份匿名或是匿名情况下的交流较为普遍 |
| 2. 责任感的变化 | 网络环境对于行为约束的责任感降低 |
| 3. 规模性群体活动 | 许多人同步在网络的某一领域进行交流互动 |
| 4. 时间观的改变 | 沉浸在网络空间的虚拟环境改变对时间的感知 |
| 5. 超过负荷的感觉输入 | 网络中海量信息对人脑有限处理能力的冲击 |
| 6. 对身体某些部分反复利用 | 用手敲击键盘 |
| 7. 对非认知互动－反馈的依赖 | 沉浸于网络活动中没有时间停下来思考 |
| 8. 新奇的或非结构化的环境 | 网络环境充满富有吸引力的新场景 |

　　Zimbardo 的理论更多地将去个体化效应产生的原因归结于环境因素。而其他的一些研究则致力于从个体主观的心理层面探究去个体化效应产生的原因。Diener 认为自我意识的减弱对去个体化效应的产生具有重要的作用。为进一步考察自我意识对去个体化效应的影响，Prentice Dunn 和 Rogers 将自我意识分类两类：公众性自我意识和个体性自我意识。当处于匿名情形时，主体所处环境中的责任性线索下降，从而降低个体对自身不规范行为的责任感，使得公众性自我意识下降，有可能会造成失范行为的发生。但只有公众性自我意识降低并不满足 Zimbardo 对去个体化效应的定义，因为虽然个体的公众性自我意识减弱了，但个体性自我意识依然唤醒，仍能意识到自己的行为，只是不对其负责而已。但当注意性线索减弱，如生理唤醒水平下降，则会降低个体性自我意识，从而使得个体进入去个体化状态。

　　网络社会环境具备了去个体化效应产生的许多因素。特别是网络环境中的匿名性，是去个体化效应产生的重要条件。去个体化效应表现在诸如"虐猫事件"、"铜须门事件"等一系列网络案例中，让我们见识到了网络暴民的凶猛。太多人利用网络的匿名的便捷，披上伸张正义的伪善外衣，肆意践踏良善，而那些真正善良的人很容易被这种疯狂浪潮所左右，失去自我意识和判断能力。

## 4.4 网络匿名的正面效应：恢复、宣泄、理想自我构建

网络的匿名性，成为行为人在网络空间中活动的面纱。一些研究考察了网络匿名性对人们自我表达的影响。McKenna 和 Bargh 的研究发现在网络匿名的掩护下，个体更能够表达他们真实的想法和感受。处于匿名环境下，个体的公众性自我意识减弱，更少地关注外界对于自身的评价；而个体性自我意识开始增强，因而更加关注自己内心的感受。Joinson 发现通过计算机中介交流，个体表露的关于他们自己的信息是面对面情形下的 4 倍。Matheson 的调研报告显示，人们普遍认为通过计算机中介进行交流讨论可以引发他们深刻的内省。

卡尔．罗杰斯认为出于自我保护的目的，我们在现实生活中扮演着"现实自我"的角色，而这个"现实自我"并不是我们内心真正渴望成为的"真实自我"。在网络匿名的遮蔽下，人们表露自己隐私和内心真实想法的倾向增加，这就使得网络匿名具备了恢复、宣泄和理想自我构建三个功能。一系列的研究证实了网络匿名的这三大功能有利于个体内心幸福感的增长。同时，这些功能还有利于改变人们的生活态度，并改善他们的行为。

### 4.4.1 网络匿名的恢复功能

恢复功能指的是当人们处在某一社会情景的时候，内心仿佛找到了避难所，能够感到放松，毫无防备地进行倾诉，从而恢复活力。一些提供匿名社会支持的网站，在青少年，社交害羞者，患有焦虑症的人，以及在公众中拥有高知名度的人士人群中使用较为普遍。比如美国有一些专门用于网上支持和倾听的网站，提供了各种支持环境，以便于求助者和提供帮助的人进行一对一的交谈，其中有一项服务叫"自杀营救"，许多企图自杀的人通过该服务获得了救助，挽回了生命。

在中国，现实中缺乏寻求专业心理咨询服务的社会习惯和氛围，现实生活中的精神压力缺乏排解的渠道，网络成为了现实压力的解压阀和排气口。许多面临精神压力困扰的人通过网络求助，获得了安慰与支持，甚至是解决问题的专业知识或是方法。

以下内容选自百度贴吧的"求安慰吧"（tieba. baidu. com）。

网友甲发帖：

"自己打拼有多难，很多在外的兄弟姐妹应该知道，而且没有家人的关心，朋友的在意，心里有多孤独更是不言而喻的，一起来说说自己心里苦闷的生活感受吧。"

网友乙回复：

"我还是个学生，但是你的那种感觉我也有，父母冷淡，对我动不动就打骂，朋友也当面一套背后一套，老师同学都不喜欢我。有时候觉得自己特别孤独无助，觉得活在世上没有意，我曾经自残，留了一胳膊伤疤。其实想想生活还是挺好的，要是现在死了，下辈子说不定过得更不好呢。"

网友甲又回复：

"确实，不管别人对我们怎么样，笑笑过之，等自己有能力独自生活的时候，自己开心快乐就好，兄弟，希望你能更自信更阳光地走下去，有什么不舒服的都可以聊聊。"

……

两个素未谋面，却有着相似人生感受的陌生人，通过网络找到了些许共鸣，并且彼此安慰、彼此鼓励。

### 4.4.2　网络匿名的宣泄功能

宣泄功能指的是向他人表达自己的想法和感受，并且不受任何阻碍，在网络社会中的人们可以借助匿名的掩护，自由地表达真实的想法和情绪，而不必担心会带来任何负面的后果。对于那些处于情感压抑状态，心理存在问题的人，向外倾诉情感和精神创伤对他们的心理健康有明显的积极影响，因为倾诉可以改善心理健康状态及免疫系统功能。

网络的匿名性，有利于人们表露真实的内心感受，同时也为一些无法在现实中倾诉的压力提供了释放的空间。Davidson 等人发现，寻求在线支持与诊断结果的社会负担有关，对于一些难以启齿的疾病隐私，通过网络寻求支持和疾病治疗知识，无疑是一种较为安全和有效的途径。

以下内容选自某高校论坛的"医药卫生"区：

求助者发帖：

打呼噜长期睡不好，影响到家人，必须要解决了。之前去过医院，做了多导睡眠监测，医生认为该做手术，说是把鼻子里头什么东西切掉，还有嗓子里什么东西切掉。上网查了下，有种叫三镜合璧的微创手术，据说疗效很好，是武警医院的，不过我听说百度都是收费上榜的，而且看网页里有个别错字，怀疑其严谨性。想询问下专业意见，这所谓三镜合璧到底靠谱否？另外，很久之前，单位体检时检查五官，医生看了看我鼻子说：你打呼吧，我说是。他说动个小手术就好了。我当时没当回事。现在想，这个医生和我后来做多导测试的医生的结论是一致的，都是说鼻子里动个什么手术。我在想，是不是打呼主要原因就是鼻子的问题？还是先买个止鼾器看看效果？想听听好心的专业意见，我这还有打呼噜的音频文件。谢谢！

这个帖子引起了广泛的讨论，很多网友结合自身经历给出了建议。

网友甲回复：

我在京东上买了个国产的呼吸机也搞定了，刚开始不习惯，坚持一段时间就好了，手术的复发几率太高了，没意义。

网友乙回复：

你说的这个止鼾器我也买了，不过我就没勇气用，想想就牙疼…不过传说中是有点用的。我属于非常严重的，不仅是打鼾，白天会直接晕倒或者说是睡着，因为严重缺氧，自从晚上带上呼吸机睡觉之后已经完全好了

……

求助者在和大家讨论的过程中渐渐找到了答案：

还是买一个呼吸机吧。Btw，一般来说，淘宝这些东西都靠谱吧。这玩意一般不会被仿冒吧。我只是问问，多半还是会去专营店买。

### 4.4.3 个体理想自我的构建

理想自我构建指的是个体有机会实践在现实社会中被压抑的行为和想法。在网络匿名掩护下，人们可以塑造完全不同的虚拟身份和形象，而不会被认识自己的人发现。Maczewski 通过研究员设计的网上聊天室采访了九位年轻人，年龄从十三到十九岁不等。采访的结果表明，基于网络的交流对他们的交际圈以及自身发展都很重要。有一位年轻人说，网络匿名让他能选择聊天对象，而不会产生消极的社会后果；一位女生表示，她在网上与人交流时很活跃，这让她变得更加自信。

人（person）原有面具之意（persona）。网络中，人们通过构造自

己的"虚拟身份",从而去成为"想要成为的自我"。网名是一个化名,是人在网络空间中活动的面具,体现着行为主体内心的自我认同以及社会期待。当人们在网上创造和扮演自己所选择的角色时,这个面具就成为人们人格(personality)的一部分。当人们处在开放而动态的场景之中,往往能够大胆表现自我,实现自我认同与外部环境认同的统一与协调。

在社会化网络媒体中,与完全匿名环境下的虚拟身份所不同的是,所谓的虚拟的身份无法脱离其植根于现实社会的身份,会受到人际交往圈、年龄、职业、文化程度等社会因素的影响,现实生活中的经历会成为在社会化媒体中构建理想自我的现实基础。这种基于现实交往的有限匿名,同样有利于个体在网络空间中构建真实自我,展现自我个性,从而获得更多有着现实社会基础相关群体的关注与认同。

"网络红人"现象就是这种效应的典型反映,网络就像一个放大器,放大了网红的个性特征以及特殊才能,使得他们能够迅速吸引关注,成为网络中注意力的焦点,产生了巨大影响力。

## 4.5 视觉匿名对于行为的影响

基于网络的交流大部分都处于视觉匿名的情形,研究发现视觉上看不到交流的各方会对人们的行为产生影响。主要有两个方面,一是对自我表露水平的影响,二是对社会规范的遵守。

首先,视觉匿名对自我表露行为存在影响。"身体是灵魂的束缚",在视觉匿名的情形下,人们能够更加敞开心扉,表达更多关于自己的信息和内心的感受。Joinson 的研究表明,在通过网络摄像头看到对方的情况下,参与讨论的人很少表露关于他们自己的信息;但在视觉匿名的条件下，人们对自己信息的表露会明显增多。在交流中，当相互间能够看到彼此真实的状态时，人们会更多地把注意力放在管理自己给他人的印象上，这样会提高公众性自我意识；而处于视觉匿名的状态下，人们的个体性自我意识会提升，从而造成更高的自我表露水平。

Joinson 的实验考查了自我意识的唤醒水平对主体自我表露水平的影响。使用摄像头视频聊天来提高参加者的公众性自我意识，不使用摄像头来降低公众性自我意识。给参加者呈现自己的照片来提高他们的个体性自我意识，呈现卡通片来降低个体性自我意识。结果表明，随着公众性自我意识的降低，当参加者体验到更多的个体性自我关注时，自我表露达到了最高水平，而这种情形与基于网络的交流模式非常符合。

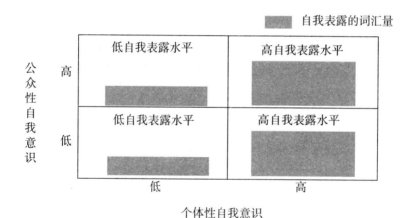

**图 4 - 1　计算机中介交流中自我意识与自我表露水平**

当人们的个体性自我意识和公众性自我意识同时降低时，去个体化效应就会产生。另有一些研究发现在使用网络时，那些沉浸式的环境（比如：在线游戏），会对个体性自我意识产生抑制作用。

其次，视觉匿名下对社会规范的遵守。根据身份认同理论（identity theory），在社会生活中，我们每个人都拥有许多种不同的身份，每一种身份都有特定的行为规范和价值取向。当一种身份突显时，个体通过比较自己的态度和行为与该群组中成员一贯的态度和行为，尽量使自己的言行符合该群组的标准。Spears 和 Lee 的研究表明在视觉匿名的条件下，增加群组身份的凸显性会使个体遵守群组规范，而增加个人身份的凸显性会使个体背离群组规范，变得更加以自我为中心。在他们的实验里，视觉匿名和凸显的社会身份相结合，增强了个体对群组规范的遵从，但是当个体个性被压抑时，个体对群组规范的遵从会减少。这意味着个体在网络交流中是否遵从规范依赖于两个因素：他们是否在视觉上是匿名的，以及当时是否有一个凸显共享的社会身份或个体身份。

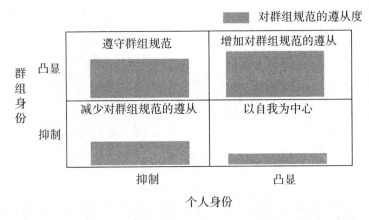

图 4-2　视觉匿名性下不同身份凸显性对遵守群组规范的影响

## 附录：网民的狂欢

　　十年前，美国媒体人安德鲁·基恩出版了著作《网民的狂欢》。在该著作中，安德鲁·基恩对于互联网的弊端做了深刻的反省，他指出网络成为民众言路表达的重要空间，赋予了民众生产信息、传播信息、交互信息的自由，于是作者使用了"狂欢"一词来描述这种自由。然而这曾经获得无数人肯定的自由，在被寄予了过高的期待之后，也在很多方面走向了美好的反面。安德鲁·基恩撰写《网民的狂欢》，揭露了这种异化和不安。他深刻反省了互联网带来的弊端。

互联网对于现实世界的重构，最为显著的影响在于传播模式的改变。可以说，互联网开启了一个"麦克风"的时代，"大喇叭"模式已成为过去。在网络空间里，每个人都是发言者，而且每个人都乐于"发声"，这就导致了注意力资源的严重匮乏。注意力资源成为网络中各种"麦克风"争夺的对象。

人类所固有的猎奇、从众，以及一定程度的非理性，使得那些极端、低俗、花边，博眼球，以及不完整的信息，更容易在网络中传播。安德鲁·基恩深刻地分析了互联网对于传统知识精英以及媒体精英的挤出效应。他认为互联网社会繁荣会产生如勒庞笔下所描述的"乌合之众"的情形。除了信息质量严重下降，互联网还会导致严重的网络暴力，使得网民进入"群氓时代"。

网民的狂欢本质上是由互联网独特的人际交往互动方式，以及信息传播方式造成的。在安德鲁·基恩所描述的"网民狂欢"所造成的种种类似于劣币驱逐良币的效应背后，有着基于网络的社会所固有的特殊性。

首先，网络社会交往的匿名性，一方面给网民带来了操作的方便和言论的自由；但另一方面也削弱了发言者的社会责任；网络匿名和计算机中介交流所导致的去个体化效应，使得网络中个体的自我约束程度下降，公众性意识（服从社会规范的意识）降低，从而容易随心所欲地发表极端言论。

其次，网络的广泛应用在使得信息的产生和传播具备便捷性的同时，也使得网络治理者对于信息的控制减弱。信息接入机会的平等带来分散的网络话语权，在有限理性的约束下，对于注意力资源有效配置的需求，使得网络的信息话语权分布呈现多个中心分散的特征。在网络发展的早期，由于在网络中发布信息具有很大的自由度和随意性，在缺乏必要的过滤、管控，以及引导的情形下，互联网秩序往往会存在一定程度的混乱。

最后，开放性有利于网络群体的形成。社会心理学的研究告诉我们，人类的群体性行为，与个体性行为存在着显著的差异。诸如"集体行动的逻辑""全体极化""乌合之众"等现象，在网络的群体行动中也普遍存在。此外，社会传播学领域还有一个非常重要的概念叫作"沉默的螺旋"，描述了由多数人表达意见观点的优势性。对于一个有争议的议题，人们会形成有关自己身边"意见气候"的认识，同时判断自己的意见是否属于"多数意见"，当人们感觉到自己的意见属于"多数"或处于"优势"的时候，便倾向于大胆地表达这种意见。当发觉自己的意见属于"少数"或处于"劣势"的时候，遇到公开发表的机会，可能会为了防止"孤立"而保持"沉默"。越是保持沉默的人，越是觉得自己的观点不为人所接受，由此一来，他们越倾向于继续保持沉默。几经反复，便形成占"优势"地位的意见越来越强大，而持"劣势"意见的人发出的声音越来越弱小，这样的循环，形成了"一方越来越大声疾呼，而另一方越来越沉默下去的螺旋式过程"。在网络的表达中，这种现象也非常普遍。

然而，网民狂欢带来的负面影响在近年来已逐步得到控制。随着国家和各级网络治理主体对于网络环境治理规范要求的日益提升以及强调，同时，互联网也日益深入渗透到人们的现实社会生活中，网民们狂欢过后也在逐步回归理性。在自由与约束，从众与独立，放纵与理性之间，网民也在不断探索前进的过程中，寻找着合理的平衡点。

# 第五章

# 网络匿名度的提出

## 5.1　网络匿名与实名的关系

对立统一规律是唯物辩证的根本规律，揭示出事物内部包含的矛盾性。对于行为主体真实身份的可鉴别性而言，匿名（Anonymity）与实名（Autonym）反映的是两种对立统一而又相互关联的状态。也就是说，匿名与实名在广义上来讲，代表着同一事物的对立面，但其本质上却又具有同一性，其关系遵循哲学中的对立统一规律。

中国古代哲学中有着丰富的关于对立统一规律的思想，比如《易经》中提到太极生两仪，就反映了矛盾双方的同一性与对立性。太极是一切矛盾的统一体，两仪则是一切矛盾的展开，一切有对立、有矛盾的事物或事物的属性，都可以称为两仪。宋代学者张载曾提出"一物两体"的矛盾观点，认为"两不立，则一不可见，一不可见，则两之用息。"如果没有对立的两面，就不会有统一，而没有了统一，事物就不能发展变化。他进一步指出"大地变化，二端而已"，也就是说对立面的存在才导致了事物的发展变化。所以，想要系统地认识"一物"，对"两体"的研究缺一不可。老子的思想中也有对同属某一事物两个对立面之间同一性的描述，《道德经》第二章中的"有无相生，难易相成，长短相形，高下相倾，音声相和，前后相随"就描述了两个相对立概念间相互依存、映射、转换的关系，体现了两个对立面之间的相互融合和统一。

以行为主体在网络社会中虚拟身份与现实社会中真实身份的对应为"一物"，而网络匿名与实名就分别是这"一物"的"两体"。因此，网络匿名与实名的关系，具有以下三个特征。

（1）对立性。网络匿名指网络社会中行为主体的虚拟身份无法对应到现实中真实存在个体的状态，而网络实名指能够对应的状态，此二者是"是"与"非"，"可"与"不可"的关系。可见，网络匿名与实名是一对矛盾的、相反的概念，具有对立性。

（2）同一性。首先，网络匿名与实名是一件事物的两种相对状态，是相互依存的，无法独立存在。其次，网络匿名与实名是可以相互转化的，在绝对的匿名和完全的实名之间，存在着无数个中间状态。再次，网络匿名与实名是可以互相渗透、相互转化的，两种状态的相互转化满足从量变到质变的哲学规律。

（3）不可替代性。在对概念的理解上，无法用一种状态的极端情形去替代另一种状态。两个状态都包含着两重含义。以网络匿名为例，一是无标识，二是身份的不可鉴别。在不同的研究主题和情景中，对这两重含义的关注会有不同的侧重。比如，在对主体网络心理和行为的研究中，网络匿名的概念侧重于描述主体社会身份信息的不可鉴别性；而在对网络实名制的探讨中，网络实名的概念会更侧重于对网络行为主体真实身份的标识。

## 5.2　网络匿名度的概念界定

匿名性反映的是行为主体真实身份的不可鉴别性。互联网中的社会活动，往往会带有一定程度的匿名性。然而，网络的匿名性也给人们的网络社会生活带来了诸多负面影响。围绕互联网是否应该实行实名制管理，在各界引起了广泛的争鸣。从所谓网络实名制的具体实施来看，其基本要求是用户在使用网络服务的时候需要提供真实的身份信息。人们普遍认为，提供了真实身份认证信息之后，网络便不再有匿名的空间。然而，基于以下两点思考，我们认为对网络中行为主体身份的认识，不能简单地停留在实名或是匿名的二元逻辑。

其一，网络特殊的交往互动方式，决定了用户即使向网络服务运营商提供了真实的身份信息，其网络身份在网络应用的前台仍然是隐匿的；在实际操作中，想要获取网络中行为主体的真实身份，需要付出一定的成本。

其二，即使用户并未向网络服务运营商提供真实的身份信息，在网络的前台，根据用户在网络活动中留下的各种信息，依然存在着通过这些线索寻找到用户真实身份的可能性，"人肉搜索"之所以能够成行，正源于此。Anonymous 将匿名定义为社交活动中人们对于行为主体真实身份的不可知程度。这个定义强调了匿名性在程度上的差异，也就是说匿名的概念可以是一个连续的变量。网络中行为主体的身份也是这样，在完全匿名和完全可识别之间，存在着部分匿名。即使行为主体隐藏了真实姓名，行为主体可以使用假名来获得一定程度的匿名性。因此，我们认为主体的网络身份，并不是只有非匿即实，非实即匿，两种状态。对于绝大部分网络应用中的用户，其身份也并不存在绝对的匿名，或者完全的实名。而所谓的匿名或实名，取决于将网络中的虚拟个体对应到其真实社会身份所需要付出的成本和代价。代价越高，则匿名程度越高；反之，则实名程度越高。

在网络中，行为主体真实身份的隐匿性也有不同的分类。可以分为视觉匿名和泛匿名，前者是一种看不到交流对方真实形态的状态，而网络泛匿名指网络中真实身份的不可识别性。Hayne 和 Rice（1997）认为社会交往中的匿名可以分为网络匿名和社会匿名。人的真实身份是由一些可鉴别的信息识别的，网络匿名指交往中完全移除可鉴别身份的信息，就是去除掉可识别主体真实身份的那些信息；而社会匿名指的是特定环境中缺乏身份识别信息，是社会交往中的感知匿名。因而，网络社会匿名中的匿名也包含着两个维度，一是技术上的不可鉴别，即行为主体真实身份的不可识别性，是在技术上，根据网络中的信息鉴别主体真实身份所存在难度的反映；二是身份隐匿性的心理感知，即行为主体内心对于自身真实身份隐匿性的感知。

基于对以上问题的领悟，提出网络匿名度的概念。并将网络匿名度定义为在技术上无法根据所能够获取到的信息以识别行为主体真实身份的程度。因此，网络匿名度实际上包括两层含义，一是行为主体真实身份识别信息的缺乏性，二是鉴别行为主体真实身份的难度，即识别行为主体真实身份所需付出的成本。对于不同的网络应用，行为主体真实身份隐匿的程度是不一样的，比如那些要求用户提供真实注册信息的网络应用，在后台鉴别用户的真实身份就要相对容易一些。另一方面，行为主体在网络中留下的可识别真实身份的信息量是不同的，即使在同一网络应用中，行为主体真实身份信息含量也不尽相同。再有，由于使用习惯、经验、知识储备等方面的不同，每一个行为主体在整个网络中所留下的可识别身份的信息量也是不相同。因此，网络匿名度实际上至少可以作为评价指标用于反映三个层面上行为主体真实身份的隐匿性，一是网络应用总体用户身份的隐匿程度，二是网络应用中不同用户真实身份的隐匿程度，三是行为主体在互联网中真实身份的隐匿程度。具体如下图所示：

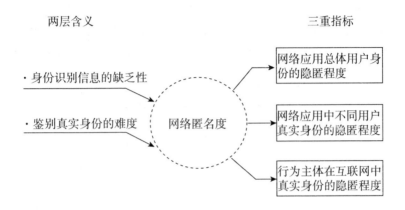

**图5-1 网络匿名度指标的含义及测评指标**

本章旨在探索网络匿名度的评价指标以及评价模型，为网络匿名度的量化测评，提供可操作的依据和方法。本章的研究主要包括三个部分，一是设计网络匿名度的基本评价指标，二是基于层次分析理论，构建网络匿名度指标的相对权重，并基于模糊理论，结合评价指标的权重，设计网络匿名度评价的模型；三是运用该评价模型对几种目前较为常用的网络应用的匿名度进行评价，对指标设置的合理性进行实证分析。

根据身份认同理论的观点，回答行为主体究竟是谁的问题，实际上可以理解为，通过确认主体自身的社会身份，区别自身和他人，或群体之间不同角色的特征，从而对某些角色产生认同感和归属感的过程；同时，这个过程也包含着社会中他人对主体归属该角色的认同的形成。身份认同理论强调身份的自我构建层面和社会性，因为每个人的自我都是一系列身份的集合。

身份由与角色属性相关的心理过程组成，包括预期、效能、胜任能力、价值规范，以及行为准则，这些都和主体与角色相关者的关系密切关联，比如父亲和女儿的关系，老师和学生的关系等，进而形成行为主体对于每一种角色所特有的自我评价、自尊、自我价值、自我效能感等心理感知。可见，行为主体的身份具有复杂性和多重性。我们很难说清究竟掌握多少关于某行为主体的社会身份信息就算完全确认了其身份。

所以，所谓对行为主体身份的确认，在很大程度上只能确认其众多身份的集合中的某个子集。而某些信息对行为主体真实身份的确认程度也存在着不确定性。因此，对于某些信息的掌握程度需要一定的主观性进行量化，而根据某些信息确定行为主体的真实身份的难度也是具有主观性和不确定性的指标。这都使得对行为主体真实身份的确认存在不确定性，而网络匿名度具有模糊性，实际上是介于完全可以确认（取值为0）到完全不可确认（取值为1）之间的连续变量。基于模糊理论的思想，将网络匿名度定义为 $\delta$，对于特定的评价主体 $x$，其网络匿名度为 $\delta(x) \in [0, 1]$。

行为主体的真实身份可以由一些指标进行测评，因此，对网络匿名度的测评可以由几项指标进行综合测评。而这几项指标所包含信息量的大小程度综合起来就可以反映网络匿名度的高低。每一项指标对鉴别行为主体真实身份的贡献是不一样的。因此，本研究采用层次分析法，综合互联网信息技术领域专家的意见，确定不同指标的权重，然后根据模糊理论构建网络匿名度评价模型，并进行实例测评。

## 5.3 网络匿名度的评价指标

匿名是一种不可识别的状态，缺乏识别行为主体真实身份的信息。身份识别信息并不仅仅是行为主体的真实姓名，而是一系列可供检索的信息，包括：行为特征，后台自我，外貌特征等。在真实社交中，人们通常通过对以下十一类信息的探索来获取对方的真实身份信息。

**表5－1 社交中识别行为主体真实身份的主要信息**

| 序号 | 信息类型 | 社交问题 |
|---|---|---|
| 1 | 个人识别 | 回答"是谁"的问题 |
| 2 | 可分享的身份识别信息（如人口统计信息） | 典型问题 |
| 3 | 地理位置 | 回答"在哪"和如何定位的问题 |
| 4 | 相遇的时间 | 回答"何时"的问题 |
| 5 | 社交圈及社会关系 | 回答"认识谁"的问题 |
| 6 | 随身物体 | 回答"有什么"的问题 |
| 7 | 行为特征 | 回答"发生了什么"的问题 |
| 8 | 信仰、态度、感情 | 真实个体的后台自我 |
| 9 | 性格特征 | 回答"哪一类"人的问题 |
| 10 | 形象或照片 | 回答"他/她的长相"的问题 |
| 11 | 微肢体语言 | 回答"哪些独特非语言线索"的问题 |

互联网是基于信息技术构建而成的虚拟数字信息的网络，人们往往使用虚拟的身份在网络中交往，而基于互联网的各类活动，会在网络空间中留下大量的有记录、可追踪的信息。这些信息为鉴别网络中行为主

体的真实身份提供了可鉴别程度不一，但都具备某种指向性的线索。

根据 Gary T. R（2001）提出的社会身份识别理论，现实社会中个人身份识别有七大要素，分别是：合法姓名、有效住址、可追踪的假名、不可追踪的假名、行为方式、社会属性（如：性别、年龄、信仰、职业等）以及身份识别物。鉴于网络社会交往的特点，网络中的假名通常带有个人习惯的特征，并且往往都是可追踪的，因此将可追踪的假名和不可追踪的假名合并成为网络假名一个指标。身份识别物，指能够有效识别身份的以物质形式存在的实物（如：证件、信物、介绍信等），并不适用于基于虚拟数字信息的网络空间。本研究中，根据网络社会交往的具体属性，选取五个维度的指标对网络匿名度进行测评。基于对网络中追踪五个指标难度的评价，计算网络应用或网络中个体的网络匿名度，具体如下表：

表5-2　网络匿名度评价指标及解释

| 序号 | 指标 | 指标解释 |
|---|---|---|
| 1 | 合法姓名 | 网络主体在户籍管理机构登记的本名，主体必须是现实社会中的自然人，是网民真实身份的现实承载 |
| 2 | 有效地址 | 网络主体的现实身份，在真实世界中的有效住址 |
| 3 | 网络假名 | 网络主体在网络社会虚拟生活中使用的假名，也称网络 ID；同一个主体可能有一个或多个网络假名 |
| 4 | 网络言行 | 网络主体使用网络的过程中留下的信息，如：网络言论、网络评论、访问记录等 |
| 5 | 社会属性 | 主体在网络应用中留下的关于其真实社会属性的信息，如：年龄、性别、职业、爱好等。 |

对于鉴别主体的真实身份而言，各个指标所承载的信息量并不相

同。因此，对于网络匿名度的评价，各个指标应占的权重是不同的。基于以上考虑，采用基于专家评价的层次分析法来确定不同指标所应占的权重。

## 5.4 网络应用匿名度的评价

本节提供一个网络匿名度的评价方法。研究所获取的数据包括两个方面，主要用于完成两部分研究数据的采集。一是确定指标相对权重，根据专家对指标评价的相对分值，确定指标的 Saaty 值，并运用层次分析法计算指标的相对权重。二是根据专家对某网络应用获取特定身份鉴别指标难度的总体评价以及指标的相对权重向量，基于模糊综合评价法，对目前几个常用网络应用总体的网络匿名度进行评价，并运用校标法，对网络匿名度评价方案的效度进行检验。

首先，根据专家的综合评价，（合法姓名、有效住址、网络假名、网络言行、社会属性）这五项指标的权重值向量为（0.529，0.141，0.102，0.056，，0172）。

对网络应用网络匿名度的测评涉及目前中国较为常用的几种类型的应用，具体为：即时通信软件（腾讯 QQ），搜索引擎（百度），微博（新浪），博客（新浪），社交网络（人人网），校园网论坛（水木清华论坛），公众性论坛（天涯论坛）。网络应用的网络匿名度，具体体现为追踪使用者真实身份的难易程度，追踪的难度越大则匿名度越高。

表 5 - 3 网络匿名度评价指标及解释

| 序号 | 网络应用 | 简介 | 参考实例 | 备注 |
|---|---|---|---|---|
| 1 | 即时通信软件 | 即时通信软件（IM）是通过互联网，交流各方能够实时发送和接收信息的网络应用 | 腾讯 QQ | 非强制实名 |
| 2 | 搜索引擎 | 搜索引擎（Search Engine）是在互联网上搜集信息，为用户提信息供检索的服务 | 百度 | 非强制实名 |
| 3 | 博客 | 博客（Blog）是一种通常由个人管理、不定期张贴新文章的网站 | 新浪博客 | 非强制实名 |
| 4 | 微博 | 微博客（MicroBlog）是基于用户关系的信息分享、传播以及获取的平台。用户可以组建个人社区，以 140 字左右的文字更新信息 | 新浪微博 | 强制实名 |
| 5 | 社交网络 | 社交网络（Social Networking Services）是帮助人们建立社会性网络的互联网应用服务 | 人人网 | 非强制实名 |
| 6 | 校园网论坛 | 校园网论坛是以学校为单位建立的校园官方网络论坛。要求后台实名注册 | 北邮人论坛 | 强制实名 |
| 7 | 公众性论坛 | 公众性论坛是面向全体网民的网络论坛服务，其用户大多以非在校学生为主 | 天涯论坛 | 非强制实名 |

由对上表所列的 7 种网络应用网络匿名度的评价测算可得出以下结论：

第一，在识别网民真实身份的五项基本指标中，获知网民的合法真实姓名这一因素，对有效追踪行为主体真实身份的影响最大，有效地址以及社会属性次之。网络假名，以及网络言行特征，在一定程度上也能提供追踪网民真实身份的信息，但相对而言，对追踪网络行为主体真实身份所贡献的信息量较为有限。

第二，由于功能及使用的目的存在差异，在不同的网络应用平台上，追踪其使用者真实身份的难易程度是不同的，换言之，不同网络应用的网络匿名度存在差异。从测评的结果来看，网络匿名度最低的网络应用是：微博、社交网络、校园网论坛，其中微博和校园网论坛是采用了强制实名制注册的"前台匿名，后台实名"的网络应用，社交网络是用户出于自愿而采用的"前台实名"的网络应用。这可以说明，网络实名制的实施，不管是自上而下式的由监管部门强制要求，或是自下而上式的由网民自愿使用，都会在一定程度上导致网络应用网络匿名度的降低。

第三，不强制实行实名，但涉及较多用户个人社会信息的网络应用，其网络匿名度也相对较低，比如即时通信、博客空间等。原因主要有两个：其一，此类应用的使用者，很大程度上是熟悉用户的人，虽然未在网络中注册或主动透露真实姓名，但很大一部分访问者知道用户的真实身份；其二，用户倾向于在此类网络应用中透露较多个人社会属性信息，如性别、年龄、职业、兴趣爱好等，这些行为和信息降低了网络应用的网络匿名度。

第四，涉及用户社会信息较少的网络应用，即使是不实名制注册，在技术上也并非是完全匿名的。通过用户注册信息，锁定 IP 地址等，从技术上还是比较容易找到现实中的个体。互联网在物理接入层是完全实名的，因此，网络中难以存在绝对的匿名。

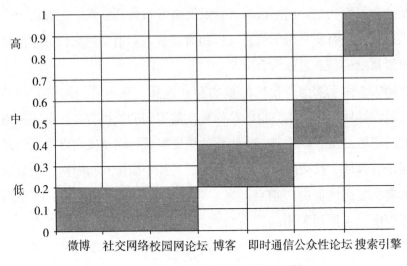

图 5-2   网络应用网络匿名度取值示意图

## 5.5   网络匿名度与自我表露

"火车上的陌生人"描述了这样一种现象，我们会将那些连最亲密的人都不知道的想法和信息，告诉给偶然相遇但不会再相见的人，这种现象普遍存在于网络世界中。网络流行语"用虚假的身份，说真实的话"被认为是对网络空间虚拟交往的真实写照。也就是说，相对于现实中的交往，在网络上人们更愿意表达自己真实的想法和内心感受。这种情形的出现，其原因在于网络空间中人们的交往和互动模式与现实世界存在根本差异，这种网络空间所特有的互动模式随着网络的普及变得非常普遍。

卡尔·罗杰斯认为出于自我保护的目的，人们在现实生活中扮演着"现实自我"的角色，而这个"现实自我"其实并不是人们内心真正渴望成为的"真实自我"。研究发现相对于现实世界，在网络空间中人们更能够表达真实的自我。网络世界与现实世界的区别在于基于网络的交流天然就带有某种程度的"匿名性"，人们往往很难将网络中交流的对象完全对应到现实世界中的真实个体。由于网络的匿名性，在某种程度上提升了主体对于环境适宜性的理性认知，因而，人们在网络空间中自我表露的倾向要高于现实世界。网络心理学的研究从实证的角度支持了这一论点。Joinson 的研究表明，在通过计算机进行的交流互动中，个体表露的关于他们自己的信息是面对面条件下的 4 倍。Suler 发现人们在网络上会说一些在平日面对面交流中不会提及的东西。Barak 对一个提供在线互助服务网站进行跟踪研究，这类匿名互助服务被青少年、害羞、处于焦虑情绪的人，以及在公众中拥有高知名度的人广泛使用。可以说，自我表露是一种人类的基本心理需求，在一种场合中被压抑的表露需求，会在另一种相对安全和适宜的环境中被释放出来。

SNS（Social Network Sites）类应用是人们在其中构建个人档案，分享文字、图片等信息，并和他人保持联系的网络应用。近年来，诸如美国的 Facebook、Twitter，以及中国的人人网、开心网、微博等网络类应用日渐风靡，成为人们进行网络交往的重要渠道与工具。社交网络类应用，为人们提供了展示自我，维系社会关系，以及进行人际交流的网络平台。SNS 类应用带来了社交圈的拓展，人际关系维系沟通的便利，这使得 SNS 类应用的使用群体快速扩张，得到了广泛普及。

自我表露是指人们在交往中向他人表达个人信息、观点、思想与感情的过程，是人类的一种基本社会行为，对于人们的自我成长及人际关系的建立与维系有着重要的作用。随着互联网的普及，对网络社会中人们自我表露行为的研究，受到了各领域学者的广泛关注。

在网络发展的早期，网络的功能和应用远远不如今天这般丰富，而匿名交往可以说是早期网络文化的重要特征之一，关于那时期互联网行为的研究大都会认为人们基于网络的交往带有一定程度的匿名性。相对于现实中的交往，在网络上人们更愿意表达自己真实的想法和内心感受。一种普遍的观点认为，之所以出现这种情形，很可能是因为网络空间中人们的交往和互动模式与现实世界存在差异，人们在网络中往往使用假名说话。一系列研究探讨了网络空间中的匿名性对人们自我表露行为的影响，发现网络匿名性很可能是促进人们的自我表露的重要因素。相对于现实世界面对面（Face to Face）的交流，计算机中介交流（computer-mediated communication）中人们倾向于表露更多关于自我的信息。在互联网中，每个人都可以完全匿名，可以公开宣泄他们的情绪，这种基于互联网的交流对人们自我表露的促进效应就变得更加明显。在网络中，当人们感知到对方不了解自己的真实身份时，他们更倾向于表达较多关于自己的思想、观点和情感。这一系列的研究，从实证的角度支持了网络中的匿名性，有可能是促进人们自我表露倾向的重要因素的观点。然而，随着互联网构建而成的网络世界与现实世界的紧密交融，对于网络匿名对于自我表露行为影响的理解需要基于以下两点考虑：

其一，这些研究结论的实验基础，仅仅建立在以计算机为中介的交流这一较为宽泛的方式上，并没有具体地考虑所使用的网络应用或沟通媒介。随着互联网的迅速发展普及，网络社会与现实社会的交融日趋紧密，种类繁多的新型网络应用层出不穷。他们在丰富着人们网络生活的同时，也悄然改变着网络社会中人们沟通交往的规则。在网络中，人们使用不同的网络应用以实现不同的社会功能。比如有研究显示，使用不同的网络沟通工具时，人们的自我表露行为是有差异的。

其二，关于现实生活中人的自我表露行为的一些研究发现，人的自我表露倾向是具有情景依赖性的。首先，与谈及的话题有关。比如当涉及非亲密性的话题时人们表露自我的倾向更高，也更自然。其次，与表露的对象有关，研究显示谈话时面对不同的对象，人们愿意谈论的信息以及谈话的深度是有区别的。再次，与交流的过程有关，人的自我表露呈现出一种互惠性。最后，与交流的目的有关，当人们试图建立亲密关系或与他人保持紧密联系时，人们倾向于更多地表露自我。

在如今网络应用功能繁多，网络与现实交融紧密的新网络环境下，需要将网络中行为主体真实身份的隐匿程度对自我表露倾向的影响进行更加深入系统的探索。

## 5.6　新浪微博中的一个实证研究

Twitter 和 Facebook 是全世界范围内使用最为广泛的社交网络类应用，不过，在中国，作为一种综合了 Twitter 和 Facebook 功能的 SNS 类应用，新浪微博得到广泛使用。截止 2017 年初，中国新浪微博的用户数量已经达到了 5.03 亿。在新浪微博中人们可以获得信息、更新状态、分享观点，记录心情，展示自己的生活，并与其他新浪微博用户交流。根据中国政府互联网管理机构的要求，用户在使用新浪微博时，需要注册真实的身份认证信息，也就是说，新浪微博用户的真实身份信息，在网络服务平台端是被记录，并可追踪的。但在前台，也就是在用户的使用中，用户可以采用自愿选择的方式，决定使用真实姓名或是网络假名。

为提高前台实名用户的可信度，新浪微博提供了一种 VIP 服务，叫"verified users"，中文名后加"V"，代表其在微博前端显示的身份是经过验证的。大部分加 V 的用户属于现实社会中的精英人群，也有一些以组织的形式存在。可见，和许多 SNS 类应用一样，在新浪微博中，在很大程度上，很大一部分用户的真实身份是外显的，其真实身份的隐匿程度并不高。而一些研究发现，在 Facebook 中人们表现出较为显著的自我表露倾向，以期获得社会支持；而人们较高的自我表露倾向会提高使用 Facebook 的满意度。

在新浪微博中，人们通过构建自己的线上微博页面来进行自我展示。用户可以选择自己想要关注的其他人，也可以邀请其他人来关注自己，网友之间通过相互关注以分享信息、交流感受。微博用户还可以选择加入自己感兴趣的群组，从而跟与自己有相同兴趣的人分享观点和自己的生活。在新浪微博用户中，有许多社会精英和意见领袖以真实身份示人，他们通过表露个人的思想观点来引导舆论，塑造个人形象，或是与粉丝互动。因此，使用微博时，通过观点的发布、对信息进行评论，以及图片的展示，用户们都在有意识或是无意识的进行着自我表露。

### 5.6.1　研究假设的提出

本研究探索网络匿名对用户自我表露倾向的影响。用户的自我表露倾向，包括数量和质量两个方面的因素。因此，基于 Wheeless 和 Grotz (1976) 开发的自我表露测评量表，综合表露的深度、数量，以及意图来测量用户的自我表露倾向。潜变量的定义如下：

网络客观匿名度 （TA）：行为主体在网络中留下的可鉴别其真实身份信息的缺乏程度。

网络感知匿名度 （SA）：网络中的行为主体对于自身在现实中的真实身份隐匿性的心理感知。

风险感知 （RS）：表露自我的信息有可能给行为主体带来社会关系、身心健康、隐私等方面风险的心理感知。

自我表露倾向 （SD）：行为主体在网络中愿意表露自我信息的心理上和行为上的倾向。

（1）表露倾向的正负性

根据 Petronio （2002） 提出的隐私的沟通管理理论 （communication

privacy management，CPM），个体通过使用一种隐私管理原则系统来控制他们表露内容界限的可渗透性。当一项私人信息被透露给他人，隐私保护界限可由个人转变为所有知道这个隐私的人的集体共享的界限和原则。根据 CPM，表露隐私可能使人感到脆弱。因此，个体通过构建沟通隐私界限来控制表露隐私后可能带来的危险。人们权衡界限，在隐私和公开、距离和亲密、自主和独立之间寻找一种平衡，也就是说，人们的自我表露行为是情景依赖的。新浪微博是一个人们展示自我，并和他人互动交流的平台，可以帮助主体塑造理想的自我；基于此，我们有理由假设，在新浪微博中人们更倾向于表露那些关于自己的正面的信息。

假设 $H_1$：在新浪微博中人们正向自我表露的倾向高于负向的自我表露

（2）网络客观匿名与感知匿名

"匿名"指的是一种无标识状态，即无法得知对方的个人身份信息，比如处于公共场合中的个体是匿名的。匿名性在社会交往中所起的作用，一直是研究的热点问题。对基于网络的社会交往进行研究，往往需要考虑匿名性的影响。在网络中，由于缺乏各类身份识别信息，人们时常感觉到自己真实身份的隐匿性。与网络匿名相对的概念是网络实名，即明晰网络中人们现实社会身份的状态。然而，实际上，网络中人们的身份并不是只有完全匿名，或完全实名的非此即彼的两种状态，而是存在匿名（或实名）程度上的差异。人们在网络中留下的许多信息，会对其真实身份的鉴别提供线索，但这些信息对提供鉴别主体真实身份的线索的信息含量是不同的。因此，从认知的角度看，对网络匿名度的测度可以视为追踪或获取网络中人们真实身份认证信息的困难程度，即主体可鉴别身份信息含量的缺乏性。

Hayne 和 Rice（1997）将匿名分为两大类，网络技术匿名和社会匿名。网络匿名是指物质交换过程中，删除有关他人身份的信息，包括姓名以及其他互联网通信中的识别信息，从而在技术上难以追踪到主体的真实身份。网络中的网络技术匿名指的是根据行为主体在网络中留下的各类信息，对追踪鉴别其真实身份的困难程度，即技术上的不可追踪性，因此网络匿名是基于网络中的信息而客观存在的匿名。社会匿名指的是自己或他人的身份无法在社会交往中被识别，原因是缺乏提示身份的信息，可见 Hayne 和 Rice 定义的社会匿名本质上是一种人们在社会交往过程中心理感知上的匿名。换句话说，在社会环境中一个人并不能真正地匿名，仅仅是在别人看来，他（她）是匿名的而已。本研究将网络社会活动中人们心理感知上的匿名定义为感知匿名。网络客观匿名反映的是可鉴别主体真实身份的信息量的缺乏，是客观存在的匿名；而感知匿名指的是人们在社会交往中对真实身份隐匿程度的感受，即不论可鉴别身份信息是否缺乏，人在交往中对于自己真实身份隐匿性的心理感知，是主观上的匿名。基于此，本研究将网络匿名分为网络客观匿名和感知匿名两个维度。

假设 $H_2$：网络客观匿名会正向影响到网络感知匿名

（3）网络匿名与自我表露倾向

本研究是基于新浪微博进行的，人们使用新浪微博的主要目的在于维系朋友圈，展示自己，记录生活；而相互关注的账户之间，有许多是行为主体在现实中相互认识的人，出于塑造自身个人形象的需要，行为主体在一定程度上需要关注者知晓自身的身份。再者，当行为主体发布信息以塑造个人形象时，也会在客观上降低自身的网络匿名度，但被更多的观众认知自身身份也会促进行为主体自我展示的行为。因此，在新浪微博中，客观上的匿名很可能会抑制人们表露自我的倾向。而出于两点考虑，我们认为感知匿名与自我表露倾向的关系较为复杂。首先，关于如何才算鉴别行为主体的真实身份是一个复杂的问题，每个人都承担着众多不同的社会身份，在网络身份与现实身份的对应中，即使能够找到现实中真实存在的个体，也并不代表能够透析其所有的现实社会身份，再加上视觉匿名等因素，实际上，心理感知上的匿名性是依然存在的。其次，即使用户在新浪微博中以真实身份示人，根据超级自我理论，其塑造的个人形象与现实中的真实自我是存在一定差距的；而正是网络带给行为主体匿名性的心理感知，提供了塑造理想自我形象的心理空间。因此，我们假设在控制住网络客观匿名等因素的影响后，网络感知匿名会正向影响行为主体的自我表露倾向。

假设 $H_3$：在新浪微博中网络客观匿名会负向影响到自我表露倾向

假设 $H_4$：在新浪微博中网络感知匿名会正向影响到自我表露倾向

（4）风险感知的中介作用

主体的行为往往受到外界环境以及主体自身特征两方面的影响。将主体的有限理性和不确定性引入到对人类行为的分析表明，在风险越高的环境中，主体的行为就越是倾向于保守。人类的自我表露行为也应是这样，在不确定性极高的环境中，理性能力有限的行为主体的表露倾向就越是趋于内倾、保守。不确定性及有限理性，在主体心理层面是对行为风险的意识和感知，是行为主体对表露自我信息的后果感到的担忧和不安。与主体自我表露行为相关的风险感知，主要有三类，一是社会风险，表露自我的信息可能给主体的社会关系、印象带来的负面效应，从而影响到主体的社会生活；二是身心风险，指表露的信息给主体带来内心的不安全感和担忧，给主体的身心带来干扰或影响；三是安全与隐私风险，指表露的信息有可能给主体带来的隐私侵犯，或是被不法之徒利用，给主体带来人身安全的隐患。因此，我们认为风险感知可能会对主体的自我表露行为产生影响。风险感知越高，主体就越是倾向于选择内倾、保守的表露风格，导致行为主体自我表露倾向的降低。

假设 $H_5$：风险感知会负向影响到自我表露倾向

在网络活动中表达个人信息存在一定的风险，有可能会造成个人隐私被侵犯，或是被不法分子利用。而自我表露所处的环境、情景和对象，会影响到主体的风险感知。因此，网络的匿名会对行为主体的风险感知产生影响。

社会渗透理（SPT：socialpenetrationtheory）认为，主体的自我表露是一种社会交换的基本形式，随着人际关系的发展，这种交换会变得越来越广泛和深入。社会渗透理论描述了人们自我表露行为的互惠性，以及表露内容和表露倾向的对等性[177]。根据社会渗透理论，主体的自我表露会有一定的交互性和对等性。特别是对于经常使用 SNS 类应用的主体而言，SNS 类应用会成为他们积累和维系社会关系资本的重要平台。人们使用新浪微博时，会倾向于塑造理想的自我，展示自己心目中完善的自我形象。因此，让他人在一定程度上了解自己的真实身份，同时，基于表露的对等性，在一定程度上主体知道关注自己言行的人是谁，有助于降低主体自我表露时的风险感知度。

假设 $H_6$：在新浪微博中网络客观匿名会正向影响风险感知

假设 $H_7$：在新浪微博中网络感知匿名会正向影响风险感知

假设 $H_8$：风险感知在网络客观匿名与自我表露倾向之间存在中介作用

假设 $H_9$：风险感知在网络感知匿名与自我表露倾向之间存在中介作用

### 5.6.2　数据分析与检验

（1）微博自我表露的正负性差异

关于用户在微博中自我表露的正面倾向和负面倾向，本研究采用用户自陈的方法设计问卷，收集用户通过微博自我表露的正面和负面的倾向，问题选自 Wheeless 编制的自我表露量表。使用均值差异显著性 T 检验来对样本正负性表露均值的差异性进行检验。

表 5-4 微博表露正负性差异检验表

| 题项 | 平均值 | 标准差 | T 检验 | 相关系数 |
|---|---|---|---|---|
| 负向表露倾向 | 2.24 | 1.09 | t = -26.78 | r = -0.318 |
| 正向表露倾向 | 4.11 | .651 | Sig: 0.00 | Sig 0.00 |

两个测量因素偏度值绝对值在 1 之内，基本满足 T 检验的数据正态分布的要求，其中负向表露倾向呈现左偏态分布，正向表露倾向呈现右偏态分布。负向表露倾向数据的平均值为 2.24，而正向表露倾向的平均值为 4.11，正向表露均值显著高于负向表露。可见，用户在微博中自我表露的正负性倾向是存在显著差异的；此样本数据在新浪微博中，用户正向表露的倾向大于负向表露。

（2）模型信效度分析及检验

本研究各变量因子的 Cronbach.a 都大于 0.7，可以认为数据及量表具备较高的可靠性。模型结构合理性的评价采用结构方程下的验证性因子分析的方法进行检验。

表 5-5 变量信效度检验系数值

| 潜变量 | 观测变量 | 标准化载荷 | 指标信度 $R^2$ | Cronbach a 系数 | AVE | 组合信度 CR |
|---|---|---|---|---|---|---|
| 网络客观匿名度（TA） | TA_1 | 0.756 | 0.571 | 0.755 | 0.486 | 0.824 |
| | TA_2 | 0.692 | 0.479 | | | |
| | TA_3 | 0.602 | 0.374 | | | |
| | TA_4 | 0.697 | 0.486 | | | |
| | TA_5 | 0.728 | 0.524 | | | |
| 感知匿名性（SA） | SA_1 | 0.832 | 0.692 | 0.848 | 0.654 | 0.850 |
| | SA_2 | 0.865 | 0.748 | | | |
| | SA_3 | 0.723 | 0.522 | | | |

续表

| 潜变量 | 观测变量 | 标准化载荷 | 指标信度 R² | Cronbach a 系数 | AVE | 组合信度 CR |
|---|---|---|---|---|---|---|
| 感知风险（RS） | RS_ 1 | 0.65 | 0.423 | 0.845 | 0.608 | 0.885 |
| | RS_ 2 | 0.822 | 0.675 | | | |
| | RS_ 3 | 0.757 | 0.572 | | | |
| | RS_ 4 | 0.825 | 0.68 | | | |
| | RS_ 5 | 0.83 | 0.689 | | | |
| 自我表露倾向（SD） | SD_ 1 | 0.608 | 0.369 | 0.746 | 0.548 | 0.746 |
| | SD_ 2 | 0.79 | 0.577 | | | |
| | SD_ 3 | 0.806 | 0.649 | | | |

　　测度项在相关变量的标准负载以及每个潜变量的 AVE、CR 值如上表，其中 CR 值均大于 0.7，说明量表具有较好的复合信度。除网络客观匿名度外，各变量的平均方差萃取 AVE 也大于 0.5，这意味着该量表有良好的收敛效度。网络客观匿名度的 AVE 值为 0.486，尚且属于可以接受的范围内；说明量表和数据具备较好的收敛效度。

　　下表列出了各因子的相关系数及 AVE 值的均方根（在对角线以粗体显示），从表中可以发现，各因子的 AVE 值的平方根大于其与其他因子的相关系数，表明量表具有较好的判别效度。

表 5－6　测度项和平均变异抽取量的标准负载

| | TA | SA | RS | SD |
|---|---|---|---|---|
| TA | 0.486 | | | |
| SA | 0.484 | 0.654 | | |
| RS | 0.181 | 0.212 | 0.608 | |
| SD | 0.466 | 0.206 | 0.221 | 0.548 |

数据巴特利球体检验（Bartlett. sTestof Sphericity）的 KMO 值为 0.841，且在 P<0.001 水平上显著，数据适合进行因子分析。由于数据是通过用户自我陈述的方式收集的，因此需要进行存在共同方法偏差影响的检验，本研究采用 Hannan's 单因子检验法，将问卷所有题目放在一起进行因子分析，然后判断未旋转时得到的第一个主成分，是否解释了大部分方差，如果单一一个因子解释了 50% 以上的方差，则认为存在共同方法偏差。根据下表可以发现，因子分析析出的 4 个特征值大于 1 的公因子中，特征值最大的一个因子解释的方差百分比为 28.854%，其比率在可接受的范围内，因此可以认为不存在共同方法偏差。潜变量之间相关关系均在 p<0.01 水平显著。

用 AMOS20 软件对模型进行检验，结果如下图所示：

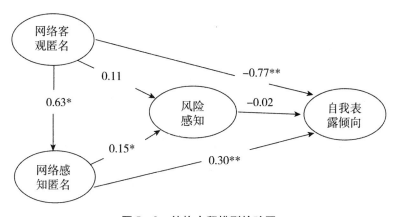

图 5-3 结构方程模型检验图

结构方程模型的拟合优度指标如下：

表5-7 结构方程模型的拟合优度

| 指标 | 数值 | 可接受标准 |
|---|---|---|
| $\chi^2/df$ | $207.046/96 = 2.157$ | <3 |
| RMSEA | 0.052 | <0.08 |
| NFI | 0.931 | >0.90 |
| NNFI | 0.952 | >0.90 |
| CFI | 0.961 | >0.90 |
| GFI | 0.942 | >0.90 |

结构方程拟合优度指标 RMSEA < 0.08，同时，NFI、NNFI、CFI、GFI 均大于 0.90，各变量之间没有出现 T 值不显著的情况。结构方程模型拟合度较好，模型成立。如图所示，标准化路径系数除了网络客观匿名和风险感知之间的关系，以及风险感知和自我表露倾向之间的关系之外，都是显著的。

表5-8 假设验证情况表

| 假设 | 是否验证 |
|---|---|
| H1：在新浪微博中人们正向自我表露的倾向高于负向的自我表露 | 是 |
| H2：网络客观匿名会正向影响到网络感知匿名 | 是 |
| H3：在新浪微博中网络客观匿名会负向影响到自我表露倾向 | 是 |
| H4：在新浪微博中网络感知匿名会正向影响到自我表露倾向 | 是 |
| H5：风险感知会负向影响到自我表露倾向 | 否 |
| H6：在新浪微博中网络客观匿名会正向影响风险感知 | 否 |
| H7：在新浪微博中网络感知匿名会正向影响风险感知 | 是 |
| H8：风险感知在网络客观匿名与自我表露倾向之间存在中介作用 | 否 |
| H9：风险感知在网络感知匿名与自我表露倾向之间存在中介作用 | 否 |

（3）风险感知中介作用的回归系数检验

本研究提出风险感知是网络匿名与自我表露倾向之间的中介变量，但结构方程模型路径显著性系数显示，风险感知的中介作用并不显著。下面尝试性地使用另一种检验办法，为风险感知中介作用的验证提供参考。根据 Baron 与 Kenny 的研究[183]，采用回归分析来考察归属感和信任的中介作用。以下图为例，中介作用的存在需要同时符合三个条件：（1）以因变量（DV）对自变量（IV）回归，系数显著；（2）以中介变量（M）对自变量（IV）回归，系数显著；（3）以因变量（DV）对自变量（IV）与中介变量（M）回归，中介变量系数显著；若自变量系数显著但比（1）中的系数小，则为部分中介作用（partial - mediation）；若自变量系数不显著，则为完全中介作用（full - mediation）。

对风险感知的中介作用分析如下表所示。从中可以发现，将风险感知的中介因素和自变量同时纳入回归模型之后，网络匿名和网络感知匿名对自我表露倾向的影响依然显著，但要小于不考虑风险感知作为中介变量的时候。因此，可认为风险感知部分中介了网络匿名和自我表露倾向之间的关系。

表 5 - 9　风险感知的中介作用检验

| IV | M | DV | IV→DV | IV→M | IV + M→DV | |
|---|---|---|---|---|---|---|
| | | | | | IV | M |
| | | | $R_1$ | $R_2$ | $R_3$ | $R_4$ |
| TA | RS | SD | 0.416** | 0.192** | 0.393** | 0.122** |
| SA | RS | SD | 0.153** | 0.215** | 0.124** | 0.161** |

** $p < 0.01$

可见，用 Baron 与 Kenny 提出的检验方法，风险感知的中介作用是显著的，但本研究的结论以结构方程模型的结论为准进行报告。

### 5.6.3　讨论与深入思考

　　一直以来，在人们的观念中，网络的匿名性被视为网络文化的一部分，为人们提供了一定程度的庇护，使得人们在网络中可以畅所欲言地表达自己的观点。伴随着互联网的迅速普及，网络世界与现实世界的交融更加紧密，特别是 SNS 类网络应用的兴起，给行为主体提供了与他人交流、互动的新场所，成为人们展示自我的新平台。在新浪微博中，许多人使用自己真实的身份来展示自己，进行社交活动；这使我们意识到，在新浪微博中，网络匿名性与行为主体自我表露倾向似乎表现出更为复杂的关系。在网络社会与现实社会高度融合的今天，网络中人们真实身份的隐匿程度并不高，并且随着不同的网络应用平台而不同。本研究对新浪微博中网络匿名性对自我表露倾向的影响进行实证检验，并试图检验风险感知对网络匿名性与自我表露倾向的中介作用。主要有以下发现：

　　第一，总体而言，行为主体在新浪微博中更倾向于表露关于自己正面的信息，主体正向自我表露的倾向远高于负向自我表露的倾向，这些信息有利于用户塑造个人形象。一般而言，新浪微博用户发布信息的对象，有很大一部分会是现实中相互认识的人。作为一个与他人进行互动交往，展示自己的平台，使用微博的目决定了用户更倾向于在微博中展示那些正面的、有利于美化个人形象的信息。本研究证实了这种倾向性。

　　第二，本研究将网络匿名区分为网络客观匿名和网络感知匿名，认为网络的匿名可以划分为网络中行为主体真实身份的不可追踪性以及行为主体真实身份隐匿性的心理感知两个维度。实际上，网络客观匿名代表着网络社会中由数字信息构成的客观存在的匿名性；而网络感知匿名则反映行为主体心理感知上的匿名。本研究所设计的潜变量之间都具有较好的判别效度，从实证的角度验证了将网络匿名划分为这两种类型的合理性。而网络客观匿名和网络感知匿名是存在相关性的，网络客观匿名正向影响网络感知匿名。换言之，主体在网络中透露的关于能够鉴别自身真实身份的信息越多，网络的客观匿名就越低，从而使得主体关于自身身份隐匿性的感知度降低。

第三，在新浪微博中网络匿名的两个不同维度对于行为主体自我表露倾向的影响呈现相反的方向。网络客观匿名正向影响用户的自我表露行为，而网络感知匿名则负向影响行为主体的自我表露倾向。这说明，在新浪微博中，当人们倾向于表露关于自身正面的信息时，行为主体真实身份被他人所知就会变得有利于他表达所想要表露的信息。换言之，新浪微博中，在一定程度上，行为主体透露的真实身份信息越多，有可能越有利于他们表达自己的观点。因此，对于表露正面的信息而言，网络客观匿名度越高，则自我表露倾向越低。网络感知匿名对于自我表露的影响则较为复杂，两个变量的直接相关系数为负，但在控制住网络客观匿名和风险感知的影响之后，网络感知匿名则正向影响自我表露倾向。这说明在网络客观匿名和风险感知一定的情形下，网络感知匿名会促进行为主体的自我表露倾向。在新浪微博中，网络客观匿名会抑制用户的自我表露倾向，而感知匿名会促进用户的自我表露倾向。在新浪微博中，用户注册时要求进行实名认证，而很多用户也在前台提供了自己真实的身份信息，但人们对自身真实身份隐匿性的心理感知依然是存在的。在一定意义上，即使行为主体公布了真实身份信息，但身份本身就是个多重的概念，往往难以将网络中的身份，完全对应到个体在现实中所有的身份，因此，匿名性依然是存在的。再有，由于视觉匿名的存在，以及网络沟通交流时行为主体身体上的隔离性，网络中行为主体在心理上依然感知到自身身份具有一定程度的隐匿性。

　　第四，两种类型的网络匿名均正向影响行为主体的风险感知。但是从数据路径的显著性来看，网络客观匿名对行为主体风险的感知并不显著。而心理上的感知匿名对于感知风险的影响是显著的。也就是说，客观上的匿名对风险感知的影响并不显著；而主观心理感知到的匿名却可以显著影响到行为主体的心理感知。

　　第五，行为主体的风险感知与自我表露倾向相关性显著，且为负相关。但在结构方程模型中路径系数并不显著。也就是说在控制了网络客观匿名和感知匿名的影响之后，行为主体心理上的风险感知并不显著地对自我表露倾向产生影响。如何对此情况进行解释，尚需进一步的研究。

　　第六，在存在环境不确定性和行为主体有限理性的情形下，行为主体表露自我的倾向是可预期的。本研究将环境不确定性和行为主体有限理性整合为风险感知这一变量，并检验其中介作用，结果并不显著。可能存在以下两个方面的原因，一是行为主体心理感知上的风险，并不能较好替代环境不确定性以及行为主体有限理性的影响。二是也有可能存在数据理想性的问题。

　　本研究发现，在新浪微博中，高的网络匿名性会抑制行为主体表露自我的倾向。这说明，当主体在展示自我时，基于网络来进行理想自我构建时候，他们需要观众在一定程度上了解他们的真实身份。这种需要至少来源于三个方面：其一，对于所谓的新浪微博意见领袖而言，他们需要保持自己的话语权，需要在自己的支持者面前保持良好的个人形象，因此，低的网络匿名度，有利于他们塑造自己意见领袖的形象。其二，对于大部分普通用户而言，新浪微博之类的 SNS 应用更多是作为与他人交往互动的平台，低的网络匿名度，有利于他人了解自己的生活及思想状况。其三，低的网络匿名度可以增强主体所表露信息的可信度。

本研究所提出的概念模型，从实证数据的拟合指数来看是成立的。但在数据拟合中，却有两条路径并不显著。这引发了以下几点思考：其一，为什么主观上的感知匿名显著地影响行为主体风险感知，而客观上的网络匿名并未对其产生显著影响；其二，基于结构方程模型的检验，风险感知的中介作用并不显著。弗洛伊德的自我意识结构理论可以对以上两点提供解释。弗洛伊德提出了潜意识的存在，将意识划分为三个层次：意识、前意识和潜意识。潜意识也称无意识，是指那些在正常情况无法被意识感知的东西，比如，内心深处被压抑到潜意识的欲望。潜意识虽然不能被感知到，但是会对人的性格和行为造成影响。而影响潜意识的因素则很多，行为主体过去的经历，身处的环境，客观世界中存在的各类信息，都会对人的潜意识产生影响。人的思维意识就像一座冰山，露出水面的只是很少的一部分，即意识，但隐藏在水面下的绝大部分，即潜意识，虽然不能进入到意识层面，但是会对人的行为产生更大的影响。

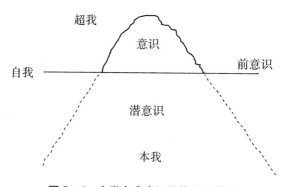

**图 5-4 人类自我意识结构冰山模型**

在对本研究所提出概念模型的验证中，暂且不考虑数据理想性的问题。

首先，关于网络客观匿名对风险感知的影响不显著，而感知匿名显著地影响风险感知这一现象。网络客观匿名是客观环境中存在的匿名，这种匿名显著地影响行为主体的自我表露行为，但却并不一定会进入到行为主体的意识层；而感知匿名，是已进入行为主体意识层面的匿名，自然能够显著地影响着行为主体的风险感知。

其次，关于风险感知的中介作用。基于 C－D gap 理论的分析，本研究提出用风险感知替代环境中的不确定性和行为主体的有限理性，作为网络匿名和自我表露倾向的中介变量。对于中介作用的检验，采用回归系数检验法，则是显著的部分中介作用；而基于结构方程模型的实验数据拟合情况，中介作用却并不显著。这或许可以说明，风险感知对环境中的不确定性和行为主体有限理性能力的替代性只能是有限的部分替代。人类的意识结构是分层次的，风险感知只涉及行为主体的意识层面，而环境中的不确定性和行为主体有限理性能力却很可能同时存在于意识层、前意识层，以及潜意识层中。这也为本研究中风险感知中介作用基于结构方程模型的不显著，提供了一种解释。同时，从某种意义来看，本研究的结论也是对弗洛伊德潜意识理论的一种支持。

## 附录：人们为什么追求网络匿名？

人们在网络中普遍习惯于使用假名，即使在使用网络时提交了真实的身份认证信息。在网络"前台"，行为人的真实身份还是存在很大程度的匿名性。那么，人们为什么会追求网络匿名呢？以下案例记录了一个关于网民使用网络匿名现象观点描述的调研。研究者通过访谈调研，了解人们在网络中使用匿名身份的经历，以及他们在网络中对于真实身份隐匿性和可辨识性之间的权衡。

### (一) 实现网上匿名的策略

能够帮助人们实现网上匿名的技术包括代理服务器、安全套接字层技术（SSL）、匿名会话等等。事实上，了解并掌握这些技术的人非常少。在实际应用中，人们通过经常在网络中构建新的身份，或是改变自己的行为，以在不同的场合的呈现不同的在线形象，例如设置个性化的图片，构建一些虚拟的个人信息。通过使用多个网络账号，针对不同的群体展现不同的网络身份与形象。

受访者提到利用技术和行为这两种策略来实现匿名。最常用的技术方法是改变 IP 地址。受访者使用代理服务器、VPN 或者匿名化系统隐藏自己的 IP 地址，或者手动更改他们的 IP 地址。当一些行为可能会存在潜在的危害时，人们会用代理服务器，这些行为包括：下载或访问被阻止的站点、发布敏感信息、浏览特别的论坛。具备一定专业知识的用户通过使用先进的技术和手段来编译密码保护他们的信息。而不需要太高技术含量的一个普遍的做法是改变浏览器设置和特定页面的隐私设置来控制其他人获取他们的文件。

大部分受访者通过不参与的方式实现了网上社交中的匿名性。即使参与，他们也会限制在网上分享的信息。比如在网上以匿名的方式提供误导性的信息，其中包括虚构的名字，使用虚假的外形照片。在网络社交中，当别的用户问及其个人信息时，他们还编造了自己的生平事迹。

虽然大部分受访者并不是很了解互联网技术，但是都表现出某种程度上的对完全匿名的不信任。一部分人认为不存在真正的网络匿名，因为任何人利用专门的技术都可以识别谁是谁。

### (二) 网络匿名的影响因素

人们在网上使用匿名身份首要的因素是安全隐私问题。特别是那些担心真实身份被有意泄露的人，包括举报人、敏感性问题的调查者、黑客、潜水者等互联网用户，都会很在意他们的隐私。网络匿名有可能导致不负责任的言论，因为人们在匿名的保护下降低了社会交往的风险，因此可能会降低自我约束，发表一些极端的言论，不受欢迎的观点，讨论禁忌的话题，并且在线上创建与他们线下大为不同的角色与身份。

### (三) 使用网络匿名的情景

访谈表明，被访者都拥有独特的网上匿名活动经验。在一些特定的情景，受访者会使用网络匿名：

#### ·促进信息的自由交互

一位退休教师创建了一个匿名的在线社区，让英语学习者之间进行自由的交流，通过练习，以提高英语技能。还有一些企业采用匿名会议的形式，促进成员积极表达真实的观点和想法。

#### ·展现不同的社会身份

一位学生用在社交网站创建匿名的账户，以捉弄他的朋友们；一些被访者用匿名进行一些一般的网上活动，同时大多数被访者很明智，只是用网上匿名进行一些特定的网上互动。

"我在人人网上创建了一个与我朋友资料相似的形象，然后我添加了他朋友列表中所有的联系人，并且每天更新一些有趣的内容，……因为我们两个的关系很好，因此我喜欢捉弄他，他也会捉弄我。"

#### ·降低特定网络行为的风险

大部分受访者表示他们使用网络匿名进行非法或恶意的活动，或是某些不符合他们真实身份的活动。比如黑客窃取信息，攻击网络中的其他人，或者从事不良社会活动，如浏览暴力或色情网站、非法下载文件、给别人发送恶意信息、"人肉"搜索或者在网上查找他人的个人信息。非法和不良之间的界限有时是很模糊的，一些行为在某些情况下是可以接受的（比如某一个论坛里），在另一种情况下是不可接受的（比如工作的时候）。此外，大部分受访者也表明他们浏览网站和下载文件时会使用匿名身份。许多搜索引擎提供个性化的搜索结果和建议，因此一些受访者会进行匿名浏览，从而避免定制结果和访问的信息过于广泛。如果不是特别必要，受访者一般拒绝登录行为，因为那样会留下有关他们真实身份的痕迹信息。

"当我想要给卖差评，或是当喷子骂人时，会换个身份，用小号，或者匿名。"

### ·掌控网络社交的边界

想要获得网络匿名还与受访者先前的消极经历有关，由于曾经的一些不愉快的个人经历，一些人渴望牢牢掌控虚拟世界和现实世界之间的边界。一位人肉搜索的受害者现在在每一个论坛采用不同的账号，避免自己的个人信息被追踪到。

其他人的经历也会影响到人们的决定，例如一位女性说，她在网上购物的时候都是使用伪造的身份信息。

"实际上，我以前都是用的真实的姓名。但是我听说了这个故事：一个零售商收到了一条糟糕的评论，所以这个零售商将买主的身份信息发布到网站说，并说了关于买主的不好的言论。因此我开始使用伪造的姓名。"

### （四）网络匿名的效用和影响

网络匿名有着明显的两面性，对人们的线上线下的社会生活，以及内心感知带来深刻影响。大量研究表明网络匿名有利于人们策略性地开展网络社交，网络匿名隐藏了人们现实社会的基本属性，使得网络的某些空间的交往满足所谓的"均等假说"，因为屏蔽了社会偏见，在匿名交流情景的当下，人们获得了某种程度的平等。

"我以匿名才得以加入一个动漫游戏讨论群组，我隐藏了作为成年人的身份，这个群组不欢迎 18 岁以上的成年人。"

网络匿名满足了一些人想要隐藏自己真实身份的欲望。出于某些特殊原因，他们不想让网上的生活和现实生活有联系。他们在网络中享受自我释放的同时，也希望网络中的生活与现实生活有所区隔。

"我不用真名的原因是不想让网上生活跟现实生活有联系，我不希望我的上司和同事们知道我生活的另一面，因为这可能会使我的形象看起来很糟糕。"

网络匿名还可以避免人们陷入不必要的承诺。一些受访者表示会匿名为别人提供帮助或支持。受访者选择匿名，以保护自己的公众或自我形象，或者管理自己在网上与他人的关系。喜欢捉弄朋友的受访者还告诉我们，他们会访问技术网站，并帮助人们解决技术问题。他很乐意帮忙，但会尽量避免不必要的承诺。

"有一次，我帮一个人解决了问题，然后他问我的真实姓名，并希望和我一直保持联系。一旦他知道了我是谁，如果他又有问题，我便很难拒绝，我不喜欢这种感觉，似乎帮助他变成了我的一项义务。"

匿名性有利于一些人在网络中寻求所需的帮助，比如医疗救助、心理安慰等难言之隐。一些人在网上获得了家庭暴力救助，还有人在论坛提问关于家庭生活、事业选择，或者个人情感方面的问题。在中国文化背景下，算命先生是一种特殊的职业，当遇到困惑的时候一些人会去找算命先生寻求命运的答案，获得某种心理上的安慰。在线算命同时具备视觉匿名和身份匿名的特点，一些人在遇到人生问题的时候会去找线上的算命先生进行咨询。不探讨在线算命是否真的具有心理咨询的作用，但在线算命先生作为一种特殊的权威，能让求助者获得心理上的依赖，从而在一定程度上找到"心安"的感觉。

"只要跟师傅聊天，即使不说话的时候，也感觉内心是平静的，舒畅的。"

　　"这位老师非常慈悲，而且很准确，非常有耐心，有责任感，是一位非常好的老师。让人非常感动，也非常感恩。"

　　匿名性有利于人们发表带有批判性质的观点和评价。当发表对于某产品和服务的负面看法时，隐藏真实身份可以避免评论或持相反观点的人给他们带来消极影响。

　　"当我在网上对某个餐厅做出差评时，我会匿名。我居住在一个小城镇，尽管面对面的对餐厅老板说出他们餐厅的问题，餐厅老板也不会生气，但是在网上，我依然不想用自己的真实姓名。……如果你跟某个人面对面说话，你知道你在跟谁说话，但是在网上时，你可能是在跟数以十亿的人说话，并且这些信息将会一直存在。"

　　总之，由于网络特殊的信息交互方式。匿名性可以带给受访者一定程度的"安全感"，让人们感觉到免受威胁。网络中个人的威胁可能来自于几个方面：一是"网上捕食者"，包括罪犯、黑客、骗子、追踪者、恶意的网络供应商；二是现实社会关系，在现实中有联系的人，而网络中的言行可能会带来负面影响；三是在网络中有联系的人；四是没有交集，但有将来存在潜在风险的人；五是政府组织和监管机构，因为这些机构有识别网络违规或失范行为的能力。

　　"当下载一些特殊文件的时候，我会设法使用匿名技术，将真实的自己隐藏起来，避免受到惩罚。"

　　受访者在现实生活中认识的人，有时也是一种威胁，这主要和过去的消极体验有关。这些人主要包括特定的家庭成员、朋友、雇主、老师、同事、主管、同学、当前的恋人和以前的恋人。匿名者尤其不愿意受到控制型父母或离异的父母、以前的朋友、以前的恋人的骚扰。网络中的其他用户也可以被视为一种威胁，网络中建立的联系也会存在情感投入，被持续过分地关注，也会带来压力。

"网上的朋友知道你的生活是什么样的，但当你突然不跟任何人说话，或者突然消失的时候，大家就会问你最近发生了什么，这对我来说是一个巨大的压力。"

威胁性的感知除了来自网络或现实中的其他个体，也来自于网络信息的存储方式。许多受访者表示，他们认为信息一旦发布到网络中，就失去了控制，存在着某种隐患，对未来有着不可预知的影响。

"在很大程度上，别人阅读、访问或者使用你分享到网上的信息，你很难进行控制……互联网将永久保存这些信息。"

"互联网是有粘连的——页面一直在，信息也一直在。"

"我不知道我的个人信息在哪儿，也不知道人们如何访问它。"

92%来自东方国家的受访者说他们将匿名视为一种保护现实中各种关系的方式。与崇尚集体主义价值观有关，现实社会关系的和谐稳定对于东方人有着重要的意义。

总的来说，人们选择匿名的原因中，情感比威胁对人们的影响更大，匿名可以帮助人们管理网上的社会化关系。一些受访者提到，跟网上的匿名陌生人聊天比跟朋友聊天更加轻松。而这恰恰也符合"火车上的陌生人"的规律。

"在双方都不认识彼此的情况下进行聊天，便没有什么好顾虑的，你可以畅所欲言，随意发泄遇到的挫折。

### （五）匿名性和可识别性之间的权衡

几乎所有的受访者对于匿名和实名都持有矛盾性的观点，持有兼具积极的和消极的态度。支持的观点认为匿名作为一种在数字时代，保护人们网络隐私和安全的措施，是非常必要的。反对的观点认为匿名可能被滥用，可能会导致不负责任的行为。然而，并没有人完全同意放弃他们自己网络匿名的权利。

事实上，很多受访者已经了解网络中技术上完全的匿名几乎是不可能的。一位政府职员表示，虽然匿名对隐私和安全来说是必不可少的，但这是非常难以实现：

在很大程度上，我们生活在一个后隐私的世界，在那里如果你知道如何做，那你就可以找到关于任何人的任何事。

针对这次调研访谈，下表总结了受访者选择网络匿名和实名的一些影响因素，展示了人们观点中对于匿名和实名优势的对比，如下表所示：

**表 5–9 被认定为匿名与被识别的比较**

| 类型 | 匿名的优势 | 实名的优势 |
|------|-----------|-----------|
| 社会连接 | 产生新的社会连接<br>避免对社区的承诺<br>较低的障碍产生新的关系<br>保护别人的关心 | 连接到真正生活中的朋友<br>有较强的社会联系<br>鼓励更多的参与意愿 |
| 声誉和信任 | 给予诚实的评价/推荐 | 良好的信誉建设<br>从其他用户获得信任 |
| 形象塑造 | 控制个人形象<br>避免尴尬/判断/批评 | 避免严厉批评<br>与自我形象相一致 |
| 情感利益 | 感觉放松和舒服<br>感觉冷静和老练 | 感觉真实可靠<br>感觉接近人 |
| 表达意见 | 自由表达意见 | 避免不负责任的行为 |
| 隐私 | 对个人有更多的控制<br>信息披露 | 看起来无辜 |
| 安全 | 保护人身安全<br>避免法律的风险/垃圾邮件/丢失财产 | 藏在人群中 |
| 易用性 | 节省精力 | 便于记忆账户 |

注：以上案例分析节选重编自以下文献，并根据中国的情况进行了适当补充：
Kang, R., Brown, S., and Klesler, S. Why Do People Seek Anonymity on the Internet? [J]. Informing Policy and Design, 2013, ACM, New York, 2657–2666.

第六章

# 网络实名制的变迁

## 6. 1　网络实名的内涵

实名（Autonym）指的是主体真实社会身份可鉴别的状态。实际上也包括两层含义，一是对主体真实身份进行标识，二是主体个人社会身份信息的可识别性。实名是一种社会状态，需要发生在特定的社会情景中。

网络实名代表网络中行为主体与现实社会身份的有效对应，即能够将网络中主体的虚拟数字身份对应到现实社会真实的身份。网络实名经常与网络实名制联系在一起，但却是两个不同的概念。网络实名反映了网络社会活动中主体真实身份的可鉴别，而网络实名制则是一种对网络中行为主体真实社会身份进行确认的机制。根据彭礼堂和饶传平定义，网络实名制是指网络用户在从事网络活动时必提供真实有效的个人身份信息，使网络用户身份与其个人的真实身份建立起对应、统一关系的一种制度。可见，网络实名制的实施是为了在必要的范围内保证网络实名的有效性。网络实名和网络实名制的关系，可以视为目的与手段的关系。

目前的网络实名制实际上是一种"前台匿名，后台实名"的身份认证机制，要求用户将真实身份信息提供给网络服务商或者网络平台运营者进行身份验证，在网络社会与他人的交往互动中，仍然可以使用虚拟的身份从而保持真实身份的隐匿性。但这并不代表在网络社会的"前台"就没有网络实名的存在。网络中存在的大量信息为鉴别行为主体的真实身份提供了可能，同时，是否在网络社会的前台使用真实身份也取决于行为主体自身的选择。因此，网络实名可分为两种类型：

（1）前台实名。指不论是否将真实社会身份提交给网络管理者或服务运营者，在网络社会活动中，主体都使用现实社会中的真实社会身份信息，在网络中以真实面目示人。

（2）后台实名。指将真实身份信息提供给网络服务商或网络平台运营者，但在网络社会活动中使用虚拟身份。也就是说，主体身份的实名只是针对网络服务提供者或者网络管理者，对于网络社会中其他人而言，其真实社会身份信息仍是隐匿的。

## 6.2　我国的网络实名制

实名制指实现个人姓名标识与其社会身份相互映射的一种机制。网络实名制是指互联网用户在从事网络活动时须提供真实有效的个人身份信息，使网络用户身份与其个人的真实身份建立起对应、统一关系的一种制度。

网络已经成为人们重要的信息及沟通平台，在给人们的生活与工作带来便利的同时，也带来了许多社会、政治、法律和伦理道德问题。目前，对于言论的自由表达，网络无疑是最为便捷的途径。然而这种自由性也为网络暴力、造谣诽谤、虚假信息传播、人身攻击等违规行为以及大量垃圾信息的产生提供了便利条件。匿名情形下人类行为的特征决定了，人们在网络中的行为会表现出去抑制化、去个性化、群体极化等现象。因而，匿名性被认为是网络自由表达的直接原因，也是各种网络问题产生的根源所在。网络实名制，被认为是一种能够增强网络监管力度，规范网民行为的手段，在对网络的管理中被反复提及。

世界上最早实行网络实名制管理的国家是韩国。为了约束网络暴力行为，规范网络言论环境，韩国从 2002 年起开始推行网络实名制。

2005 年 10 月，韩国政府规定网民在网络留言、建立和访问博客时，必须先登记真实姓名和身份证号。

2006 年底，发布《促进利用信息通信网及个人信息保护有关法律》的修正案，规定日点击量超过 10 万的公共网站上发言时，必须先以本人真实姓名加入会员。

2007 年初，发布《关于利用情报通信网和情报保护的法律》，规定个体在网络发言必须使用实名，注册时需提供真实姓名和身份证号并得到验证后才能发言，考虑到隐私保护，网民在网络前台可以使用代码、代号留言。网络全面实名制的实施，虽给韩国网络社会的发展带来了一些积极作用，如促进了电子商务的发展，提高了网络社会的法制保障，促进了公民新闻的发展。然而，由于存在管理以及技术保障上的落后，全面网络实名制给社会带来了更多负面的影响。首先是技术上的缺陷，使得身份伪造技术横行，网络实名制形同虚设。其次，大量的民众信息泄露事件带来隐私安全隐患。第三，韩国网络实名制限制了网络舆论，网络社区中正常发言量明显下降；但在遏制恶性言论方面效果甚微。

2011 年 7 月，由于大型门户网站被黑客攻击，超过 3500 万，占韩国人口 73% 的网民个人信息被泄露。于是，民众中要求取消实名制的呼声渐高。

2011 年 12 月 29 日，韩国电信业监管机构韩国广播通信委员会

（KCC）表示，将从 2012 年起逐步废除网络实名制。这一系列的法规，见证了世界上第一个实行网络实名制的国家，实施网络实名制失败的历程。

在我国，网络实名制的发展大致经历了以下的过程：

2002 年，清华大学教授李希光，首次提出中国人大应禁止任何人网上匿名的建议，引发有关网络实名制的第一次激辩。

2003 年，各地网吧管理部门开始实行网吧上网登记制度。2004 年，中国互联网协会要求电子邮件客户提交真实的客户资料。

2004 年，教育部与共青团中央提出高校校园 BBS 实行用户实名注册制度。

2005 年，信息产业部要求所有网站实名制备案，并要求所有非经营性个人网站实行实名制登记；同年，文化部和信息产业部联名提出 PK 类练级游戏实名制登记的要求；而腾讯公司在深圳公安局的要求下，对 QQ 群创建者和管理员进行实名登记工作。

2007 年，中国互联网协会提出中国境内博客实名制注册的规定。

2008 年，公安部等，要求对论坛版主、吧主和聊天室主持人实施实名制登记。

2009 年，杭州市首次确立网络应用全面实名制的制度。

2011 年，北京市实施"后台实名，前台自愿"的微博实名制注册。

2012 年 12 月 28 日，中华人民共和国第十一届全国人民代表大会常务委员会第三十次会议通过了《关于加强网络信息保护的决定》，其中第六条规定："网络服务提供者为用户办理网站接入服务，办理固定电话、移动电话等入网手续，或者为用户提供信息发布服务，应当在与用户签订协议或者确认提供服务时，要求用户提供真实身份信息。"在政策层面，意味着我国互联网进入了全面实名的时代。

2015 年 2 月 4 日，国家互联网信息办公室发布了《互联网用户账号名称管理规定》，自同年 3 月 1 日起正式实施。《规定》就网络前台中的用户账号名称，用户使用头像，以及个人简介等内容，对网络服务运营机构，以及网络用户使用网络服务的行为进行了相应规范，涉及网络公共言论领域①中注册使用的所有账号。《规定》再次强调要求所有用户使用网络时需要提交真实身份注册信息，基于对网络账号管理实施"后台实名、前台自愿"原则的基础上，尊重网络用户选择个性化名称的权利，以重点解决网络公共言论领域前台名称乱象的问题。

## 6.3　网络实名制的争议焦点

在我国，网络实名制的推行处于渐进的过程，是伴随着网络社会的崛起而逐步推行的。随着网络社会与现实社会的交融日趋紧密，实名制其实早已使用于许多的网络应用中（如：网络金融、电子政务、电子票务等），在这些领域，实名制的实施已为网民所普遍接受。但是否应该在网络的言论领域使用实名制（如：论坛、博客、微博等）的话题引起了广泛的争议。目前，各界网络实名制争论的焦点主要在以下三个方面：

焦点一：实名制是否能有效起到"事前监督"的作用，能够约束违规行为，净化网络舆论。

有些学者认为有必要在言论领域推行网络实名制，网络实名制可以提高对网民言行的约束力。从而有利于规范网络言论环境，减少低俗内容及其传播，有利于相关机构对网络的监管。陈远和邹晶从社会管理的

---

① 网络公共言论领域：具体指网络中信息公开的公共场所，包括博客、微博客、即时通信工具、论坛、贴吧、跟帖评论等互联网信息服务。

角度来看，网络实名制等同于将法律规范应用于网络社会，而网络实名制是规范网络信息传播的基础。清华大学教授刘建明认为网络匿名制酿成的网络谩骂、网络谣言、网络欺诈和人身攻击，造成无数媒体伤害，公共利益和公民权利屡受其戕。而"后台实名、前台自愿"的制度是一种有限实名制，对舆论的传播起到一定约束作用，能够抑制一些非理性的声音和一些负面的舆论，以及有害信息的迅速传播。东北大学文法学院院长张雷认为网民在自由地表达自己思想的同时，当然也有义务尊重他人和维护社会稳定，因此非常有必要全面推行网络实名制；实行网络实名制的目的并不是限制人说真话，是限制人不负责任地乱说话。在新浪微博推行了实名制之后的几天里，新用户注册数变化不大，老用户中主动发言和参与评论的人数下降，网上造谣、抱怨的言论减少，但长远效果尚需进一步监控。

另一方面一些学者也提出了对网络实名制有效性的担忧。黄学成和张清亮从现实社会实名制的实施情况分析虚拟社会实名制实施的效果，认为从某种程度来说，实名制能防君子，但难防小人。以现有的网络身份认证技术，仅靠个人身份认证系统来核实网民注册信息的真实性还存在很大难度。再者，我国在个人信息保护方面的立法还有缺失，公民个人信誉管理系统还没有完善建立。网络实名制最终主要只是管住了"老实人"。因此，很难让公众信服虚拟社会在全面实施后台实名制后就能够有效地解决虚拟社会中存在的各种植根于现实社会的问题。他们担心网络社会的实名制不仅难以起到正面的作用，而且可能导致严重的负面后果。从韩国的情况来看，网络实名制在对网络暴力的遏制方面效果很不明显。实施网络实名制后两个月，调查发现恶意网帖仅减少了2.2%；而首尔大学的一项研究称，网络实名制实施后，诽谤跟帖数量从13.9%减少到12.2%，减少了仅1.7个百分点。

焦点二：实名制是否会堵塞大众的建言渠道，破坏互联网言论自由的传统价值。

对网络实名制争论的又一焦点在于是否会堵塞大众的建言渠道，甚至侵犯到网民的自由表达权。张帆和陆艺认为网络为言论自由开辟了广阔的空间，其开放式、交互式的信息传播方式，以及其虚拟性、匿名性在一定程度上实现了人际平等，使得人们可以自由地发表言论、自我展示、反映诉求；因而，网络实名制等同于将现实世界的约束因素纳入网络社会，会降低言论自由度。黄玉迎担心网络实名制的施行将影响网民的自由表达权和监督权。甚至有学者认为网络实名制是对言论自由的侵犯，而这恰恰也是一些民主国家反对使用网络实名制的主要原因，比如美国就将网络表达的匿名权写入了宪法。

另一方面，一些学者认为网络实名制，恰恰是对公民言论自由权的保护。正如孟德斯鸠所言："自由是做法律所许可的一切事情的权利；如果一个公民能够去做法律所禁止的事情，他就不再有自由了，因为其他的人也同样会有这个权利。"因为人类权利和自由都是相对的，刘建明指出利用网络恶语伤人，邪恶的言论会压抑正当的言论自由。而恶意的"言论自由"正是对别人自由的践踏，应该铲除。利用网络的匿名发表污秽言论恰恰是对言论自由权的践踏。而网民在追求网络言论自由的同时应该自觉担负起道德上的责任。

还有一些学者指出了实施网络实名制的前提和基础。刘建明认为匿名能够保障说真话的人不被打击，而说真话被打击并不是因为没有匿名，而是没有严格的法律措施惩治打击报复的人。归根结底，还是法律制度设计的问题。他建议，推行网络实名制必须贯彻多元性和包容性，在相应法律措施尚不完整的情况下，不能在公共领域强制实施，但在私人领域为保护个人的权利和尊严又必须实施。卢玮认为网络社会为人们提供了言论自由的权利，但任何权利的自由行使都须接受相对的义务限制。因此，网络实名制在一定程度上从侧面反映了权利与义务的对等性要求。但他同时也指出，网络实名制必须要以完善相关的公民权利保护法律法规为前提。中国目前还没有一部完整的表达自由权或隐私权保护法，在这种情况下，如果贸然全面实施网络实名制，则公民无法采取法律的手段进行自我保护。

焦点三：在相应的法律法规以及公共管理政策制度尚未完备的情形下，网络实名制是否会造成对公民隐私权的侵犯。

目前，我国网络相关的法律法规以及公共管理政策制度尚未完备，一些学者表现出对网络实名制下难以保障公民隐私权的担忧。蔡德聪认为推行网络实名制，需要对信息保密机制和技术提出更高要求，如果发生信息泄露事件会对网民的权益造成侵害。彭礼堂和饶传平指出网络言论领域实名制管理的法律依据含混，有保护腐败、侵占网站用户资源之嫌，与互联网价值观相悖。李领臣认为实名制难以跨越已有的法律障碍，难免不去侵扰公民日益珍视的隐私和自由，难以承受执行成本之重，难以突破本身的制度缺陷，因而实名制不可能取得预期效果。周永坤 认为在实名制下，网民被迫将个人信息告之网站，本身就有损个人信息的私密性，它对隐私权的侵犯是显而易见的，因此存而不论。进一步的问题在于，实名制增加了公民信息外泄的概率，这在侵犯公民隐私权的同时，增加了公民人身与财产的安全风险，从而侵犯公民的安全权。

## 6.4　实名制监管的博弈分析

基于双重自我意识理论，当实施网络实名制时，有可能会提升行为主体网络社会生活的责任性线索，使得行为主体更多地关注自身所应负担的社会责任。在一定程度上提高行为主体的公众性自我意识。

人不都是理性的，但人的行为大多是理性的，会根据自身效用最大化的原则做出行为决策。据此，我们假定，当违规的成本大于所获得的收益时，则违规行为会倾向于不发生。如果所设计的管理制度，使得违规行为的成本大于收益，就能够在一定程度上有效约束违规行为。进而，若实名制下违规行为发生的可能性低于非实名制下，则说明实名制对约束网络违规行为是有效的。对于监管者而言，处置违规言论需要付出一定成本，若所需付出的成本过高，则可能导致监管者对违规言论的视而不见。因此，站在规范网络言论环境的角度而言，博弈最为理想的均衡是用户不违规，自然监管者也不需要进行处置。如何能够通过激励相容的制度安排设计实现这种均衡，而实名制是否能够更为有效的实现这种均衡，是本章想要探讨的话题。通过在博弈模型求解过程中分析实现这种均衡的条件以及制度安排，对约束网络违规行为的具体措施进行探讨，并分析实名制对规范网络行为的有效性。相关概念界定如下：

（1）网络公共领域：网络公共领域指具有独立、理性评论能力的网民以公共事务为讨论内容，以网络论坛、博客、微博等为主要载体，形成的具备公共领域基本功能、运行原则和运行方式的虚拟场所。

（2）网络违规行为：根据国家监管部门颁布的相关规定，网络违规行为主要有以下九项：①反对宪法所确定的基本原则；②危害国家安全，泄露国家秘密，颠覆国家政权，破坏国家统一；③损害国家荣誉和利益；④煽动民族仇恨、民族歧视，破坏民族团结；⑤破坏国家宗教政策，宣扬邪教和封建迷信；⑥散布谣言，扰乱社会秩序，破坏社会稳定；⑦散布淫秽、色情、赌博、暴力、凶杀、恐怖或者教唆犯罪；⑧侮辱或者诽谤他人，侵害他人合法权益；⑨含有法律、行政法规禁止的其他内容。

### 6.4.1　博弈的基本假设

（1）理性人假设：监管者和用户都是完全理性的，根据自身得益的最大化策略进行选择，分别用 $i=1$，2 来表示。

（2）决策序列假设：博弈按照决策的序列分为三个阶段；第一个阶段，由监管者首先决定是否实行实名制；第二个阶段，用户在得知监管者的决策之后决定是否发布违规言论；第三个阶段，监管者决定是否对违规言论进行处置。分别用 $j=1$，2，3 来表示。

（3）短期假设，网络违规言论的发布，产生负面影响，以及监管者对不当言论的处置，都发生在一定的时限内。本文不考虑网络环境的变化对双方决策的影响。

（4）完全且完美信息假设，博弈双方对对方的特征、策略及效用函数都有准确的了解，并且能确切知道上一阶段对方选择的策略。

### 6.4.2　博弈的过程分析

网络言论领域管理制度由监管者制定，由监管者决定是否采取实名制，即监管者第一阶段的策略空间 $A_{11}=$ ｛实名，不实名｝；第二阶段，用户的策略空间 $A_{22}=$ ｛违规，不违规｝。第三阶段，监管方对用户违规言的策略空间为 $A_{13}=$ ｛处置，不处置｝。处置指采用干预手段，将不当言论删除并对违规者进行处罚。每一阶段的肯定项和否定项决策分别用 k＝1 或 0 来表示，即 $a_{ijk}$ 为博弈方 $i$ 在 $j$ 阶段的策略 k。

在博弈过程中，参与人的效用不仅取决于自身的行为选择，还依赖于对手的行动[193]。参与人 $i$ 的效用函数为 $U_i=U_i$（$A_1$，$A_2$），监管者效用函数 $U_1$（$A_1$，$A_2$）＝R－C，R 为收益函数，C 为成本函数；用户效用函数为 $U_2$（$A_1$，$A_2$）＝Y－F，Y 为收益函数，F 为成本函数。

博弈模型分析的过程为求取相应的行动组合使得：

$$\begin{cases} \max\ U_1\left(a_{1jk}, a_{2jk}, a_{1jk}\right) = R - C, a_{1jk}, a_{1jk}, a_{1jk} \epsilon A_1, a_{2jk} \epsilon A_2 & (6-1) \\ \max\ U_2\left(a_{1jk}, a_{2jk}, a_{1jk}\right) = Y - F, a_{1jk}, a_{1jk}, a_{1jk} \epsilon A_1, a_{2jk} \epsilon A_2 & (6-2) \end{cases}$$

同时成立，并探讨实现这种均衡的条件措施和制度安排。

本博弈的扩展形及不同策略下的收益情况如下：

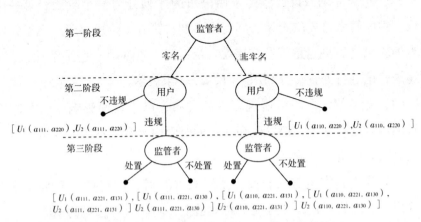

图 6-1　网络违规言论管制完全信息动态博弈树

本文采用逆向求解法分析每一阶段不同条件下的博弈均衡解。先分析博弈双方不同行动下的收益构成。

（1）对于监管者而言，收益主要来自成功处理违规言论所获得的奖励（比如上级部门的嘉奖）。而成本主要来自三方面。首先，当出现违规言论时，言论会以一定的概率形成恶性事件，对社会造成负面影响。其次，若处置失职监管者将会受到惩罚；在现实中，惩罚可能来自于上级监管部门的问责，网络民众舆论的压力，甚至可能面临法律风险方面的问题。此外，对违规言论处置需要一定的成本，而且由于网络言论快速传播，监管者只能保证违规言论的影响仅有部分能够成功处理掉。在实名及非实名制度下，监管者处置所获得的收益及失职所付出的成本来自于上级部门，不妨认为在两种制度下这两项差异不大。

实名制下：处置所获得的收益为 R；成本则包括处置所付出的成本为 C1，处置失职所付出的成本 C2，违规行为带来的负面影响 C3。

非实名制下：处置所获得的收益为 R，成本则包括处置所付出的成本为 C1'，处置失职所付出的成本 C2'，违规行为带来的负面影响 C3'。

（2）对于用户而言，收益包括不发布违规言论所享有正常的权益，以及发布违规言论所带来额外的收益。成本为发布违规言论被追究所带来的成本（比如发言 ID 被封，账户资料被删除，甚至被追究法律责任等）。

实名制下：收益为正常使用公共平台的收益 Y1，发布违规言论的额外收益为 Y2；成本为发布违规言论遭到处罚 F。违规言论得以形成恶性事件的概率为 α，违规言论的影响能够被处理掉的概率为 β。

非实名制下：收益为正常使用公共平台的收益 Y1'，发布违规言论的额外收益为 Y2'；成本为发布违规言论遭到处罚 F'。违规言论得以形成恶性事件的概率为 α'，违规言论的影响能够被处理掉的概率为 β'。

表 6-1　博弈双方策略及得益情况表

| 得益及策略集 | 博弈得益 [U1，U2] |
|---|---|
| $[U_1 (a_{111}, a_{221}, a_{131})$, $U_2 (a_{111}, a_{221}, a_{131})]$ | $[\beta A - C_1 - (1-\beta) C_2 - aC_3$, $Y_1 + a (1-\beta) Y_2 - F]$ |
| $[U_1 (a_{111}, a_{221}, a_{130})$, $U_2 (a_{111}, a_{221}, a_{130})]$ | $[-C_2 - aC_3, Y_1 + aY_2]$ |
| $[U_1 (a_{111}, a_{220})$, $U_2 (a_{111}, a_{220})]$ | $[0, Y_1]$ |
| $[U_1 (a_{110}, a_{221}, a_{131})$, $U_2 (a_{110}, a_{221}, a_{131})]$ | $[\beta' A - C_1' - (1-\beta') C_2' - a' C_3')$, $Y_1' + a' (1-\beta') Y_2' - F']$ |

续表

| 得益及策略集 | 博弈得益 [U1, U2] |
|---|---|
| $[U_1\ (a_{110},\ a_{221},\ a_{130}),$ <br> $U_2\ (a_{110},\ a_{221},\ a_{130})]$ | $[\ -C_2'\ -a'\ C_3',\ Y_1'\ +a'\ Y_2']$ |
| $[U_1\ (a_{110},\ a_{220}),$ <br> $U_2\ (a_{110},\ a_{220})]$ | $[0,\ Y_1']$ |

对于监管者而言，最为理想的子博弈均衡为（不违规，不处置），其次是（违规，处置）；要尽量避免（违规，不处置）均衡的出现。

第一，当 $\beta > C1/\ (A+C2)$，且 $a\ (1-\beta)\ Y2 < F$ 时，子博弈实现最理想均衡（不违规，不处置）。此时，监管方不需要付出成本，违规方能够得到使用网络的正常效益。此均衡对维护网络整体的稳定发展最为有益。实现此均衡的方向：①令 $\beta$ 足够大，即违规言论能够被迅速处理掉。②增大 F，降低 C1，违规者发布违规言论遭受到的处罚足够大，而处置违规言论所付出的成本非常小。③重奖严罚，增大 A，F。对及时处置违规言论的行为给予重奖，没有及时处置则要重罚；这样会增加监管者对违规言论处置的可能性。

第二，当 $\beta > C1/\ (A+C2)$，且 $a\ (1-\beta)\ Y2 > F$ 时，子博弈均衡解为（违规，处置）。此时，违规言论的影响能够以较大概率被处理掉，监管方清除违规言论所付出的成本较小而收益较大。而违规方发布违规言论的期望收益大于所遭受到的处罚。

第三，当 $\beta < C1/\ (A+C2)$，子博弈均衡解为（违规，不处置）。此时，违规言论能够被成功清除的可能性很小；对于监管方而言，处置所花费的成本过大，而即使成功处置能够带来的收益很小。此时监管方将无视违规言论的存在，而违规方必然会选择发表违规言论。

### 6.4.3　监管者实施实名制策略的条件

实名制能使网友看到更有责任的言论，有利于建立社会主义信用体系，提高个人信息的准确度，人与人之间的联系将更方便安全。陈远等认为网络实名制可以加快和帮助确认网民的真实身份，增加破案线索，节省社会运行成本；为公安部门有效打击违法犯罪活动提供方便[102]。在实名制下，监管者对网络的监管力将会提升，因而查处网络违规言论的成本相对较低，即 C1 < C1'。在实名制下，监管者能够更容易地定位违规者及违规行为，因而发布违规言论被查处后受到的处罚较高，即 F > F'。实名制在一定程度上能够提高用户对网站的信任水平，因此在实名制下，若违规言论没有被清除，则带来的负面影响会更大，即 C3 > C3'。此外，实名制能够抑制"匿名狂欢"①，从而有效降低违规言论得以形成恶性事件的概率 α，并提升违规言论影响能够被处理掉的概率 β，因此，α < α，而 β > β'。

第一，当 β < C1/（A + C2），且 β' < C1'/（A + C2）。此时，违规言论必然产生；而监管方的策略取决于违规言论负面影响的期望值。如果实名制能够降低违规言论的期望负面影响，即 - aC3 > - a'C3'，则监管方选择实名制策略。否则，若 - aC3 < - a'C3'，监管方会选择非实名制。

第二，当 $[\beta > C1/（A + C2），a（1 - \beta）Y2 > F，\beta' > C1'/（A + C2），$ $a'（1 - \beta'）Y2' > F'$

$$U_1（a_{111}，a_{221}，a_{131}） - U_1（a_{110}，a_{221}，a_{131}） = （A + C_2）（\beta - \beta'） + （C_1' - C_1） + （a'C_3' - aC_3）$$  (6-3)

---

① 匿名狂欢：当处于匿名情形，法国著名学者庞勒认为在集体潜意识的作用下，群众心理上会产生本质性的改变，经常会在无约束时表现出一种随意和破坏性冲动，匿名状态下的群体行为具备非理性狂欢的特征。

由于 $\beta - \beta' > 0$，$C1' - C1 > 0$，当 $a'C3' > aC3$ 时，式（4-3）$> 0$，即实名制下违规言论的期望负面影响小于非实名制，监管者选择实名制；当 $a'C3' < < aC3$ 时，即实名制下违规言论的期望负面影响远大于非实名制，使得式（4-3）$< 0$，则监管方选择采用非实名制策略。

第三，当 $\beta > C1/(A + C2)$，$a(1 - \beta)Y2 < F$，$\beta' > C1'/(A + C2)$，$a'(1 - \beta')Y2' < F'$ 此时，用户不违规，而监管者也不需要处置，选择实名制或者非实名制对于监管方的收益没有差异。不论是否采用实名制，此时的博弈均衡有利于对维护网络公共言论环境秩序、防止违规言论发生，是最为理想的均衡。

网络管理的目的是为了规范网络行为，营造和谐的网络言论环境，避免违规言论带来的负面影响。设计合理的公共言论管理制度，有利于维护网络言论环境的健康和谐。通过博弈分析得到的主要结论如下：

（1）足够大的违规言论清除率 $\beta$ 可以使子博弈达到用户不违规，监管者不检查的最优解。这说明及时清除违规言论是规范网络言论环境最直接、最有效的手段。通过对博弈模型的分析可看出，当违规言论的清除率足够大时，则是否采用实名制对博弈的解没有影响。提高违规言论的清除率主要有两种手段，一是通过技术的手段，及时甄别违规言论，这样不但能降低违规言论的处置成本，减少违规言论的影响，还能杜绝用户发布违规言论的意图。二是实行网络言论分权管理制度，将对违规言论的监督责任及权利下放到各级虚拟社群管理者手中。由于技术手段不一定能够有效甄别违规言论，很大一部分的虚假信息、欺诈信息，往往无法用技术进行甄别。这需要网络公共言论领域的各级管理者，如平台运营商，论坛管理员，板块版主，社区管理人，兴趣小组负责人，QQ 群主等自觉维护言论环境的秩序，对违规言论及时进行清除。

（2）采用重奖严罚、高低成本的手段能够促使子博弈达到用户不违规，监管者不检查的最优解。对处置违规的行为重奖，严罚对违规言论视而不见的行为；降低处置违规行为的成本，增加发布违规言论的成本，使博弈达到最优解。在实名制监管者处置的成本降低，而用户违规的成本提高，因此，在实名制下，博弈更有可能以这种方式实现均衡。

（3）博弈出现最不理想的均衡解，即监管者不处置而用户违规，是可以避免的。可以通过提高违规言论清除率 β，降低检查成本 C1，提高检查奖励 A 来实现。

（4）在一定程度上实名制对规范网络言论是有效的。通过博弈模型，我们可以看到，由于匿名性，互联网无法确认正在使用网络的人的身份。正是由于互联网的这种特征，一直以来网络违规的成本是极低的。实名制能够增加发布违规言论的成本（F > F'），也能节约处理违规言行的成本（C1 < C1'），能够按图索骥，提高违规言论被处理掉的概率（β > β'）。而这些都有利于博弈走向（不处置，不违规）的最优策略均衡。从实际案例来看，2008 年韩国信息通信部在推行网络留言实名制后的调查中发现，一些主要网站论坛上谩骂和人身攻击等不文明内容减少了一半以上，收效显著。

（5）在一些情况下，选择实名制反而有可能使得违规言论带来更大的负面影响。实名制有利于建立社会主义信用体系，提高个人信息的准确度，人与人之间的联系将更方便安全。实名制在一定程度上能够提高用户对网站的信任水平，这将导致一些虚假的、负面的信息对用户带来更大的负面影响（C3 > C3'）。而违规言论形成恶性事件的概率 a < a'。当 aC3 > a' C3 时，非实名制反而能降低违规言论的负面影响。网络的特性决定了我们难以将网络上虚拟的言行完全无误地对应到现实世界中真实的个体。对于网络的违规者而言，即使处在实名制下，他们还是可以通过多种手段隐藏真实的身份。此时，由实名制带来的网络信任环境的总体改善，反而有可能让违规份子有更多的可乘之机。

## 6.5　网络实名制的发展演进

网络社会的崛起深刻地改变着我们身处的这个时代，也正是由于互联网对现实社会带来日益深远的影响，对于网络社会运行有序性的要求为国家网络监管部门所重视和关注。网络实名制正是在这样的时代背景下应运而生，成为近年来在社会各界引起广泛争议的焦点话题。其实，站在人类社会演化的高度来看，任何一种制度现象的产生、发展、变迁，以及消亡，都是社会演化进程中带有某种必然性的历史过程。可以说，网络实名制发展演进的历程是网络社会发展至今最为重要的一种制度演化现象，是网络社会的发展走向由量变到质变的标志之一。立足于网络实名制的发展演进，基于社会演化理论中的信息成本理论，对网络实名制所植根于网络社会发展演化进程中的机理进行诠释，试图对这种制度现象背后的某种历史必然性进行解读，以澄清这种制度现象的本质以及主要功能，并在此基础上探讨网络实名制的发展与实施。

### 6.5.1　网络社会与网络实名制

哲学家齐美尔这样定义社会，即"当人们之间的交往达到足够的频率和密度，以至人们相互影响并组成群体或社会单位时，社会便产生和存在了。"在互联网发展的早期，网络被当作为技术名词，随着互联网功能对于人们现实社会功能的融入与整合，在互联网信息技术所构成的基础网络之上，已经形成了一种新型的社会样态——网络社会。网络社会构建于计算机网络技术与虚拟现实技术融合的基础之上，存在于网络空间架构之上的信息交换，通过网络社会活动虚拟实践创造出以光、电、声、影为表现形式，对现实社会的现实与虚拟部分进行数字化编码，基于虚拟数字信息的交互而形成的社会空间。可见，网络社会的构成基础是虚拟的数字信息；网络社会活动的构成基础，是虚拟数字信息间的流动与交互。网络社会结构的特殊性决定了，存在于网络空间之中的虚拟数字信息是网络社会存在及运行的基础。因此，相较存在于现实物理空间的现实社会，网络社会组织运行的基础是虚拟的信息。但网络社会的关系却并不是虚拟的，网络社会中虚拟信息所承的关系，依然植根于现实社会中的实体和个体，这种关系是客观存在的，不是虚拟的。所以，网络社会虽然在形式上表现为"人—电脑—人"的关系，但其本质上仍然是"人—人"的关系。

作为社会空间，网络社会中言行的责任主体是现实中真实存在的个体；基于运行结构，网络中一切社会活动都基于虚拟数字信息的交换和流动。可以说，网络社会具备虚拟性和现实性的双重特征。网络社会数字化运行的形式大大提高了信息交换的效率，降低了信息发布、存储、使用，以及交换的时间和空间成本，这是网络得以快速发展、迅速普及的根本原因，而这也使得网络自产生之初就具备了某种"公共地悲剧"的特性。随着网络社会的勃兴，公共地悲剧开始散布于网络公共空间的各个领域，成为网络社会发展的阻碍，困扰着人们的网络社会生活。网络公共地悲剧产生的根本原因，在于网络中行为主体使用网络资源、向网络空间发布信息的权利，与其为网络中言行所应承担的相应责任和义务存在严重的不对等。而这，恰恰与网络存在及运行的两个基本特性有关。一是信息接入的自由平等，行为主体可以自由地使用网络公共空间的各类资源，相对于现实世界，可以更加无限制地在网络中发布信息；二是行为主体真实身份难以鉴别，网络社会中的交往基本上是以"前台匿名"的虚拟身份为基础的，网络社会虚拟身份构建的成本较低，注册新的 ID，载入新的资料，一个新的网络社会身份就诞生了。当需要为网络中的言行负责任时，这些虚拟的网络社会身份往往难以肩负其责。因此，网络社会中发生的问题，仍需要通过对现实社会中真实存在个体权责利的落实与确认，才能最终得到解决。世界各国对于采用网络实名制的探索与尝试，其根本的原因就在于此。

一般而言，网络实名制指的是行为主体使用网络服务时需要提交真实的身份认证信息，从而使得网络监管机构和网络服务提供商能够基于现实世界的真实身份信息对网络用户进行管理。网络实名制的本质是一种将网络中行为主体的虚拟身份对应到其现实社会身份的对应机制，其目的在于将网络中言行权责利的主体关联到现实中真实存在的行为人，是对网络言行权责利进行现实确认的基础，也是使得网络社会的运行能够准确落实到现实的身份基础。

### 6.5.2　网络实名制的本质与实施

网络是一个基于虚拟数字信息流而形成的虚拟社会，网络空间中行为主体的身份具有虚拟的符号化的特征。虚拟身份的易变性和难追踪性对网络行为权责利的确认带来很大挑战。网络社会中的行为主体，依然是现实社会中的人。对言行权责利确认的需要，最终都必须落实到现实中真实存在的个体，才能对网络行为进行规范，进而产生一定的约束作用，否则所谓的规制，便只能如同空中楼阁，形同虚设。在这个意义上，网络实名制的本质在于提供一种关联，使得网络空间中虚拟化的行为主体，对应到现实世界中真实存在的个体；是一种将主体在网络中言行的权责利对应到现实中存在的个体的确认机制。基于此，网络实名制实质上包含了三个方面的要求，一是权利的可负载性，二是责任的可追究性，三是真实身份的可确认性。

作为一种基于信息技术而形成的特殊的公共领域，基于网络不同层次的实名制在具体实施上各有不同的方式和要求①。

表6-2 网络实名制分层情况表

| 网络层次 | 实名制实施的具体办法 |
|---|---|
| 内容层 | 用户使用网络应用时要求实名制注册,通过手机号、身份证号、学生证号等身份识别信息进行验证,多采用"前台匿名,后台实名" |
| 逻辑层 | 对网络服务提供者要求实名制认证,通过身份证、组织机构代码、工商注册信息等对组织及个人进行验证 |
| 物理层 | 在用户接入互联网时提供实名认证,要求网络接入运营商与用户签订服务协议,同时提交真实身份信息 |

资料来源:通过对网络各层级的用户接入协议的研究整理而成

从技术上看,对每个层面接入时要求身份验证,都可以称之为网络实名制的一种形式。因此,广义上的网络实名制管理涵盖了对网络物理接入的控制、服务提供者的监管,以及网络内容发布者真实身份的验证等,对网络行为主体虚拟身份的真实性进行控制的方式。

互联网发展的初期,对网络应用内容的层面并不要求实名注册。互联网早期的繁荣也得益于匿名制带来的平等、自由、无障碍的人际交流空间。然而,随着网络社会的爆炸式演进,匿名制给网络社会的正常运行带来了种种问题,虚假信息、色情信息、低俗信息泛滥,网络暴力横行,对网络社会环境的健康有序造成破坏,严重影响了人们的网络社会生活。在各种力量由博弈而均衡的过程中,网络社会渐渐形成了一股对主体网络身份去匿名化的推动力。从无序的非理性宣泄,走向有序的理性表达;从崇尚虚拟,到开始关注现实;从享受匿名,到自发推行实

---

① 互联网的三层结构:网络的结构分为三个层次:物理层(电脑设备)、逻辑层(网络协议)、内容层(平台上的具体内容)。

名；反映了网络社会经过多年的成长，逐渐由混沌走向有序的进程。其中，网络行为主体身份由匿名制向实名制的变迁，是网络社会发展过程中最为显著、最为重要，也是争议最为突出的制度演化历程。网络实名制的产生也受需求和供给两种力量的影响。

（1）需求的力量

对制度变迁的研究需要考虑对制度需求与供给是如何受内外部环境因素变化影响的。网络实名制需求的力量来自于以下几个方面：

第一，现实社会功能向网络社会延伸带来的对真实身份有效鉴别的要求。在产生发展的初期，网络所承载的社会功能相对简单，仅限于网民之间信息的共享、传递与交互，随着网络的普及，越来越多的现实社会功能被整合到了网络社会中。诸如电子商务、网络银行、电子政务、招生就业、旅行订票等社会功能开始网络化，而网络实名制是这些网络社会功能得以正常运行的必然要求。

第二，提高网络社会信息可信度的需要。信息的可靠性能够有效降低社会活动中的信任成本以及决策成本。作为一种将虚拟的社会行为的权责利对应到现实世界中主体的约束机制，网络社会中一个愿意以真实身份发表言论、与人交往的人，显然会提升其言行的可信度，从而大大降低网络社交的不确定性，提升网络社交的效率。在虚假信息、不负责任言论泛滥的网络环境中，对网络实名制的需求来源于确认信息可信度的需要。

第三，规范网络环境，确定网络行为责任主体的需要。网络实名制被认为能够将网络言行的权责利对应到现实中的个体，以实现规范网络言论环境的作用。言行责任主体的可对应性会对违规者产生一定的震慑作用，网络实名制也产生于约束违规行为，规范网络言论环境的需要。

（2）供给的基础

此外，网络实名制供给的力量来自三个方面。

　　第一，网络实名身份认证具备相对成熟的技术手段，以及现实基础。我国已从 2010 年 9 月 1 日起正式实施电话以及移动电话用户实名登记制度；已建成全国统一联网的居民身份证认证系统。基于移动电话号码，居民身份证等手段的网络身份认证从技术上已经能够便捷地实施。

　　第二，网络应用对于提升效率的追求。网络实名制的实施在一定程度上能够为网络社会活动提供统一的身份认证，从而降低了网络应用的转移成本。有助于网络服务提供商深入挖掘用户信息，了解用户行为习惯，提升服务质量。

　　第三，政府治理网络社会的需要。网络社会的蓬勃发展，在迅速改变着人们社会生活的同时，对现实社会也在日益产生深远的影响，同时也带来了诸多社会问题。因此，政府需要不断探寻和制定治理网络社会的制度。

　　网络实名制以正式规章的形式强制推进，在演进的方向上虽然与自发演化出的非正式的秩序大致一致，但政策执行的边界却已超出制度自发演化的边界范围。在我国，作为正式规则的网络实名制由于推进的范围广、力度大，带有很强的强制性，因过分偏离了人们的行为习惯，引发了广泛的争议。诺斯曾注意到，正式规则的演变总是先从非正式规则的边际演变开始的。在规则的边际之上，人们行为的习惯在起着协调分工的作用，而习惯之所以能够替代原有规则，是因为依习惯而行，活动的信息成本会小得多；另一方面，习惯之所以能够在边际上进行调整，是因为行为在这里尚无太大变化。诺斯认为，正是制度在边际上连续的演变造成了制度中正式的也是可见的规则的变迁，类似于马克思哲学从量变到质变的过程。照此过程，边际的演化，就是习惯的演化。网络社会活动，从匿名向实名，实际上也经历着由非正式规则的边际，习惯上的演变，而向正式规则演进的历程。这其中，倘若正式规则强制的力度过大，偏离人们的行为习惯太远，就会使得支撑这项新规则的成本变得非常巨大，有可能因此而遭到破产。对于网络全面实名制的实行，在目前还处于网络意识与习惯逐步调整的阶段下，全盘推行网络实名不仅不切实际而且行之无效。作为正式规则的网络实名制，需要在非正式规则的网络实名制的边际上推行，需要综合考虑支撑这项新制度的人的行为习惯，网络环境，技术等客观条件的成熟度，而审时度势的稳步推出。用林毓生的话说："新制度是从旧制度中缓慢孕育而出的"。

### 6.5.3  我国网络实名制的演进历程

纵观世界各国近年来对网络社会的治理，对于网络实名制的探索出现在各国网络身份管理体系的构建中。我国网络实名制的发展，经历了自上而下（由诱致到强制），由物及心（由物理层到内容层），从隐到显（由后台向前台）的发展演进历程。

（1）自下而上的演进。我国网络实名制最初产生于部分网络社会领域对于行为主体真实身份可信度的需要，是小部分群体在网络社会交往中自发形成的对增强行为主体真实身份可识别性，构建主体间信任关系的集体共识。是受局部网络社会信息交换模式的实际需要所驱动，自发演化生成的制度现象。表现出自下而上，由自发诱致而成，到监管机构强制推行的历程。在我国，网络实名制最早从婚恋网站开始，随着电子商务的兴起被广泛应用于商业领域，在网络对现实社会功能的信息化整合中自然而然地被运用于招生、就业、考试等面向真实社会行为主体的领域。自2004年开始，国家网络监管部门开始要求在部分网络公共言论领域推行网络实名制，并逐年逐步推广到网络的全部领域。我国网络实名制进入了由政府主导推进的强制性制度演化进程。

（2）由物及心的演进。网络是个多层次结构，由相互关联的三个层次组成，物理层、逻辑层、内容层，分别对应构成网络实体的网络基础设施及技术架构，定义网络社会运行规则由软件代码构成的逻辑层，以及由使用网络的行为主体创造的运行于其他两个层级之上的具体内容。网络实名制的实施经历了由网络的物理层向内容层逐步渗透的过程。从要求用户接入网络需要提供真实身份认证，到要求网络服务提供商严格进行实名认证，再到要求网络用户在使用具体的网络应用时提供真实身份认证信息。这些对真实身份认证信息的要求，反映了网络监管部门在网络结构的各层面上对网络相关行为主体真实身份掌控需求及掌控力的递增。因此，网络实名制也逐步随网络的发展由"物"的层面，过渡到"心"的层面了。

（3）由隐到显的演进。国家互联网信息办公室最新发布的《互联网用户账号名称管理规定》标志着网络监管部门对于网络前台行为主体身份秩序的关注以及掌控力的强调。网络监管部门对于行为主体真实身份掌控的需要，从不对行为主体正常的网络社会生活造成干涉的后台，发展到与行为主体使用网络的体验直接相关联的网络社会活动的前台。

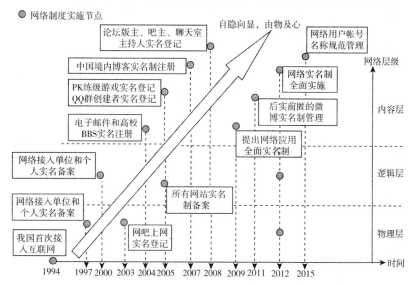

图 6-2　我国网络实名制发展演进过程示意图

图 6 - 2 表述了我国网络实名制发展与演进的大致历程。自我国于
1994 年接入互联网的二十余年间，随着网络社会的发展，网络实名制
历经由物理层向内容层扩展，由自发诱致向网络监管部门强制实施，由
网络接入端与网络后台的隐形实施到网络前台显性推行的过程。

### 6.5.4　网络社会中的信息成本

纵观网络实名制的发展历程，网络实名制是一种随网络社会的发展
而不断演进的制度现象。与现实社会中的情景相同，网络社会与网络社
会中的制度现象是共生演化的。对网络实名制演进的理解，不能脱离所
处的网络社会背景。网络实名制虽然诞生于网络社会这个新型的人文空
间，但其本质仍然是与人类社会集体行为共识相关的一种制度现象。网
络实名制遵从社会制度演化的基本规律，但由于其产生的背景是随计算
机网络的普及而产生的网络社会，网络实名制的产生、发展，以及演进
又有着一定程度的特殊性。相较于现实社会，这种特殊性存在于催生网
络实名制产生的网络社会环境的变化。

多年来，社会制度演化理论致力于探究人类社会制度发展与演化的
根本动因，并试图描绘刻画其具体过程。对于制度现象的本质，及其所
植根于人类社会发展进程中的历史必然性有着深刻的理解和认识。作为
一种人类集体行为的共识，制度本身就可视为社会博弈过程中形成的行
为模式均衡。在以通过正式规程，将文件、规范、条文以具象的形式形
成正式制度之前，制度往往就已经作为惯例或是部分人的行为习惯存在
了。因此，制度与社会是共生演化的，人类也正是在社会环境与社会制
度共生演化的过程中不断去学习管理和协调社会。迄今为止，所有关于
社会演化的理论都无法回避这样一个主题，规则和秩序的生成和变迁。
从经济的视角来看，社会规则和秩序的生成和变迁受到成本变化的影
响，科斯提出的交易成本概念，被视为经济社会活动的"摩擦力"，可

以用于解释社会经济活动中的诸多现象和问题。经过半个多世纪的发展，新制度经济学家们开始逐步形成共识，所谓经济交易成本其本质上是一种信息成本。社会制度的本质是决策责任的分配机制以及社会信息流的构建机制，因此，经济组织和社会制度的演化就必然与信息成本密切相关。

卡森构建了关于信息成本的理论，并基于此建立了关于经济现象和社会制度演化的逻辑体系。从本质上来看，社会活动的运行都可以用信息的交换来描述。社会制度的本质，实际上是一切社会活动权责利结构的分配机制，以及社会信息流的构建机制。因此，处于某一时间节点的制度结构，可以被视为对节约信息成本的一种社会群体理性的反应。所以，好的制度结构是能够在既定的环境与信息成本条件下有效地配置决策权，从而形成有效的信息流结构的制度。基于卡森的理论，经济社会可以被视为由信息组成的信息系统，因而一切经济社会活动都可以视为信息的生产以及交互的过程，当这个系统中的信息成本改变时，社会的制度结构也随之改变。在社会的运行过程中，社会体制中的制度结构影响着社会活动中的信息成本。正如布瓦索所言，社会制度代表着成为社会成员集体共识的长期行为投资，其目的在于降低社会的信息成本。从另一个角度来看，社会活动中信息成本的变化，推动着社会制度结构的变迁。卡森的信息成本理论，提出这样的一种观点，认为信息成本的变化是制度演化的根本原因。

网络社会构建于计算机网络技术基础之上，网络社会中的社会交往活动基于存在于网络空间架构之中的信息交换而得以进行，网络社会的本质实际上就是基于信息交换为基础而形成的虚拟数字信息场域。网络社会中的制度变迁，与网络社会活动的信息成本变化密切相关。研究网络社会中的制度演化现象，需要分析网络社会环境因素变化对于信息成本变化的影响。通过分析网络社会信息成本的构成，及其随网络社会环境发展变化而改变的基本过程，基于网络实名制发展演进的历程，试图对网络信息成本变化作用于网络社会制度演化历程的机制提供一个初步的解释。基于这样的目的，下面深入探讨三个方面的问题。

第一，网络社会信息成本的定义及构成。信息成本本质上是一个信息经济的概念，因为成本概念意味着对资源实行有效配置过程中所需付出的代价。在网络社会活动中，信息成本可以视为网络中的人们获取有价值的信息所必须支付的代价。作为人类社会构成的一般认知，制度环境可以划分为精神或心理的维度、物理世界的维度，以及人与社会三个维度。根据每个维度各自不同的特征，信息成本可划分为不同的表现类型。网络社会中，"物"的维度表现为基础网络架构以及支撑网络社会运行的技术，这一维度中的信息成本指的是信息的固定成本①以及存储成本；"心"的维度表现为网络中行为主体在网络社会活动中的感觉和认知，这一维度中的信息成本指的是信息的信任成本以及信息注意力成本②；"人与社会"的维度表现为网络社会中与主体间关系相关的信息成本，主要包括信息的鉴权成本、搜寻成本。

---

① 信息固定成本：支撑网络社会信息运行平台的建设成本，以及生产制造信息所投入的成本。
② 信息注意力成本：网络社会中信息过量存在，而人类的认知能力是有限的，因此，网络社会中人类的注意力资源存在着稀缺性。信息注意力成本指的是为有效配置行为主体注意力资源所付出的成本。

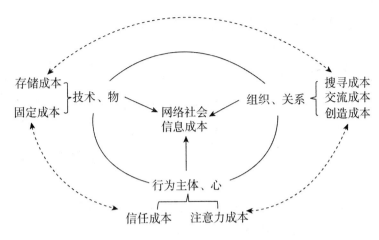

**图6-3 网络社会信息成本结构示意图**

　　网络社会活动信息成本的基本构成及相互间的关系如图6-3所示，三个维度的信息成本随网络社会环境的变化存在相互作用、相互影响的关系。

　　第二，网络社会发展与网络信息成本的共生演化关系。马克思曾指出，资源的合理配置是人类社会经济发展所共同遵循的，一般性的、普遍存在的"自然规律"。网络社会的发展演进同样服从于这种自然规律的支配。从某些意义上来看，网络社会中基础设施与技术，人与社会的组织关系，以及行为主体对网络的使用，随着网络环境的发展变化，都来自于与更有效配置网络社会中信息资源有关的某种驱动力。网络发展的早期，受限于技术及生产力水平的制约，信息搜寻和交流成本限制了全球市场经济信息的自由流动。人类社会对于信息实现更有效率交换的需要，促进了科技的发展，推动了信息技术的更新以及网络基础设施的建设，这大大降低了网络社会信息的交换成本，使得越来越多的现实社会功能被整合到了网络社会之中。信息创造成本以及交流成本的降低，既带来了网络的繁荣与勃兴，也使得网络社会中的信息量呈现爆炸式增长的态势。相比于技术的高度发展，以及网络社会关系与组织的迅速扩张，网络社会中人处理信息能力的提升却十分有限。尽管人可以借助信息技术及对网络的熟练使用，提升自身处理信息的效率，但由于理性能力的有限①，人类的注意力成为网络社会中越来越稀缺的资源，并由此导致了网络社会信息信任成本和注意力成本的不断上升。降低信息的信任成本，更有效配置注意力资源成为近现阶段网络社会发展与制度演化的根本动力。

第三，网络信息成本变化与网络实名制演进的关系。信息成本的变化，或曰降低某种信息成本的需求和动力，是社会制度演化的根本原因。尽管制度结构的调整并不一定随着信息成本的变化而连续进行，但站在社会发展变迁的高度，以一个相当长的社会实践为观察窗口，还是可以直观地洞察到这种影响和变化。在网络产生和发展的早期，网络社会的迅速崛起得益于信息技术高速发展带来的网络信息搜寻成本、交流成本，以及创造成本的大幅度降低。互联网连接起了世界，并深刻地改变着人们沟通交流的方式，越来越多的现实社会功能被整合到了网络之中，网络中的信息开始呈现爆炸式的增长，同时也带来了诸多问题，比如网络犯罪横行，以及网络中虚假和垃圾信息的泛滥。网络信息的交流以及创造成本的降低，扩大了网络中行为主体使用信息的自由，但无限制的自由往往会成为问题的根源，对网络社会运行的秩序造成破坏。人类社会运行的有序性，来源于对彼此间行为模式带有一定程度确定性预期的集体共识，当网络开始成为一种社会化样态时，在信息交流过程中尽可能降低信息的不确定性日益成为网络社会生活的普遍要求。受限制于理性能力的有限性，面对网络空间中日益增长的海量信息，网络中行

---

① 理性能力的有限性：受限于人脑对有限的信息处理能力，人类的行为决策无法对有关的全部信息进行全面的衡量，因此人的行为受到学习、记忆、习惯等心理因素的影响，表现为理性能力的有限性。

为主体使用网络的信任成本和注意力成本的增长开始成为推动网络社会制度发生变迁的驱动力，而网络实名制最初就诞生于这种驱动力产生的激励。网络实名制实质上提供了网络中虚拟身份与现实身份的对应关系，这无疑对网络中原本虚幻而又难觅其踪的虚拟身份的鉴别提供了一定程度的确定性，并形成了一定的约束。确定机制与约束的存在降低了信息的信任成本，节约了信息注意力成本，由此带来的效用提升，进一步推进了网络实名制在网络社会中的发展与演进。网络信息信任成本与信息注意力成本是推动网络实名制发展演进的主要因素，由此在网络社会的局部领域进一步促进了网络信息搜寻、交流、创造成本的下降，从而改进着这些区域的网络社会运行秩序①。

### 6.5.5　网络实名制的发展与未来

网络社会是基于虚拟数字信息的交换而形成的特殊社会样态。网络实名制的本质是一种将网络中行为主体的虚拟身份对应到其现实社会身份的对应机制，其目的在于将网络中言行权责利的主体关联到现实中真实存在的行为人，是对网络言行权责利进行现实确认的基础，也是使得网络社会的运行能够准确对应到现实的约束机制。网络实名制的产生、发展与演进受到网络社会中信息成本变化的驱动，有着近 20 年的发展演进历程，可以说是我国网络社会发展进程中最为显著，也最具代表性的制度演化现象，经历了自上而下（由诱致到强制），由物及心（由物理层到内容层），从隐到显（由后台向前台）的发展演进历程。作为一种制度现象，网络实名制的根本功能在于对不确定性的降低，网络社会中整体或局部的信息信任成本的变化导致了网络实名制的发展与演进。

---

① 电子商务、实名婚恋，以及基于真实身份为基础的社交媒体（SNS）类网站的流行和普及，可视为这种共生演进过程的实例。

作为迄今为止引发争议最为广泛的一种网络社会管理制度，社会各界对我国网络实名制现阶段究竟该如何实施，今后的发展又将走向何方，依然存在着不同的看法。针锋相对的观点和激烈的争鸣，反映出网络实名制发展演进的秩序背后存在着网络社会发展进程中的某种历史必然性与人们以所谓互联网传统价值为代表的行为习惯之间的矛盾冲突。矛盾冲突的背后往往是辩证统一，当我们着眼于相对长的时期，立足于相对高的视角，站在网络社会的发展历程之上来审视网络实名制的变迁，厘清网络社会信息成本的变化与网络实名制发展演进之间的关联关系，也就能够把握住网络实名制演进历程背后的某种历史必然，从而对网络实名制今后的发展，以及具体实施应用的方向，做出展望与判断。

首先，网络实名制将被广泛运用于网络社会中那些存在较高信息信任的成本的领域。在那些对于信息的可信度有较高要求的领域，比如网络金融、电子政务、电子商务、招生考试、网络婚恋等，网络实名制将起到降低网络社会活动不确定性，增加信息可信度，提升网络社会活动相关各方相互间信任的作用。可以预期，即使是基于目前普遍使用的"前台匿名，后台实名"的网络实名制形式，类似于公布真实身份信息之类的，在网络的前台通过一定手段进一步提升前台账户的信任度，从而降低信息信任成本的手段会越来越普遍①。

其次，专门负责网络行为主体真实身份确认的第三方鉴权机制将会广泛使用。对于监管机构而言，网络实名制的根本作用是将网络中虚拟身份对应到现实中真实存在的个体，从而提供某种确定性。为保证这种确定性，将真实身份鉴别的权责交给网络服务提供商带来了诸如信息安全问题、用户隐私问题、数据泄露问题等等，韩国网络实名制从兴起到

---

① 2015年2月4日，国家互联网信息办公室发布的《互联网用户账号名称管理规定》可以视为这种趋势的一个例证。

废黜的历程，从客观上印证了这种管理模式存在的缺陷性。谁来保存，如何保存，如何使用网络行为主体的真实身份信息是网络实名制能否趋利避害，有效发挥其应有作用的关键问题。由第三方机构专门负责网络行为主体真实身份确认，保存网络行为主体的真实身份信息，是一种能够兼顾网络行为主体真实身份可鉴别性及信息安全和隐私保护问题的有效机制，美国提出的国家网络安全战略（EID 机制）本质上就包含这种机制的应用。

再次，我国网络实名制的全面实施依然面临与人们使用网络习惯之间的矛盾与平衡。正如诺斯所言，正式规则的演变是先从非正式规则的边际开始的，在规则和制度演变的边际上，由人们通过达成集体共识的行为习惯来协调社会活动分工。习惯之所以能够逐步替代旧的规则，是因为依照行为习惯而行，社会活动的信息成本会小得多。基于以上过程，制度在人类行为习惯边际上连续的演变造成了制度中正式规则的变迁。照此过程，自下而上式的制度演化，是边际上的演化，也就是行为习惯的演化。自上而下式的演化，是为政府意识所强制推进的演化，在一定程度上是国家为保持其监管管制力而强制推行的措施。国家的强制力与人们自然演进的行为习惯之间，难免存在步调不一致的情形。我国网络实名制自推行以来，在各界引发的种种争议和抵触，客观上佐证了这种情性。正式规则的强制力过大，使得制度过分偏离了人们的行为习惯，就会产生矛盾，并带来巨大的制度成本。作为一种处于演进之中的制度现象，网络实名制的全面实施如何在人们使用网络的行为习惯及政府强制力之间寻求平衡，在一定的时间内依然会是一个重要的网络社会治理问题。

# 附录：网络空间的公共地属性

马克思认为社会是人们交互作用的产物①。这其中包含了两个层面的意思，其一，人数众多是社会形成的基础；其二，人与人之间存在联系与交互。网络是现实世界中的行为主体，通过数字信息流通，而实现交往互动功能的虚拟空间。可见，网络社会在本质属性上并未超越马克思对于社会这一概念的认识。但由于网络社会是基于信息技术而形成的虚拟社会样态，其信息产生及流通的方式与现实社会截然不同，节点与节点之间的交互超越了时间与空间的限制，因而网络社会的运行机理与现实社会在一定程度上相通，却又存在着很大的差异。网络社会天然就具备哈丁所描述的"公共地悲剧"的性质。

网络空间的公共地属性具体体现在三个方面：一是网络接入的自由性，只要拥有计算机设备并且能够接入互联网，每个人几乎都可以瞬间抵达全球网络的每一个角落，可以随意地向网络空间发布各种信息；二是使用权的非排他性，个体对网络的使用并不会使得网络资源减少，更不会妨碍他人对网络的接入权；三是发布信息行为的外部性，个体在的网络上发布的信息带有有着很强的外部性效应②，会在网络的一定范围内造成正面或负面的影响。

正如亚里士多德所言："那由最大人数所共享的事物，却只得到最少的照顾。"网络空间作为一个自由表达的公共地，其悲剧效应体现在低俗、虚假、暴力、谩骂等信息的泛滥，这不仅污染了网络环境，有损

---

① 该定义出自《马克思恩格斯选集》第4卷，第320页，北京：人民出版社1972

② 外部性：分为正负外部性，指主体的行为使得其他人受益或受损。受益者无须花费代价，而受损者却只能自己负担所付出的成本。

于网络信息共享、合作互助、自由交流的创立初衷，也使得网络中每一个行为个体使用网络的效用大大降低。

关于"公共地悲剧"的解决之道，可以归结为两点：一是权利的确认，二是行为的规范与管制。其中，行为的规范与管制是以权利的确认为基础的。因而，解决网络"公共地悲剧"效应的核心在于，能够明确界定网络中行为主体所具有的权利，而此问题的延伸，便是界定每个行为主体对特定言行所应担负的责任。

# 第七章

# 网络社会身份的认同与构建

## 7.1  身份认同的内涵

个体对于身份的认同，本质上是自我关于"我是谁"的心理构建过程。早在 19 世纪，美国心理学家威廉（William James）和奥地利心理学家弗洛伊德（Freud Sigmund）就都曾经提出这个概念。基于诸多学者的诠释，身份认同具备以下四个典型的特征：第一，身份认同由主观认同和客观认同组成，主观上是人们所意识到的共同认同的体现，并具备人们社会认同的某些客观特征、标识码，以及符号；第二，身份认同是对自己所归属群体的共同性和与其他群体所存在差异性的认知；第三，身份认同具有交融性，个体在同一时期可以在不同场合形成不同的身份认同机制；第四，身份认同的基础是行为主体内部的自我认知，所处社会对于该身份概念的定义，以及这二者之间的协调与互动，因此，身份的认同有"自我构建"以及"社会构建"两个基本过程。

自我建构方面，弗洛伊德把"认同"看作是"一个心理过程，是个人向另一个人或团体的价值、规范与面貌去模仿、内化并形成自己的行为模式的过程"。在这个意义上，认同是一种反思性的自我建构。

在身份认同的社会建构方面，泰弗尔提出"社会身份认同"的概念，即"个体认识到自己所在群体的成员所具备的资格，以及这种资格在价值上和情感上的重要性"。一个人的社会群体成员身份和群体类别是一个人自我概念的重要组成部分，并主张人们通过社会类化、社会比较和积极区分努力地获得和维持积极的社会认同，从而提升自尊。

身份认同理论（Identity Theory）是社会心理学研究领域的重要理论。身份（identity）是一个社会性的概念，指自我所认为的从属于某个群体的一系列特征，主要用于说明行为主体心理上和社会上的归属问题。哲学意义上，身份是使事物成为该事物的那些因素。在社会生活中，身份就是人们对于自我的定位以及自我价值的确认，是理解个人与社会联系的纽带，将人与其在社会中所扮演的角色联系在一起。

身份认同理论的英文名称是"identity theory"，之所以不直译成身份理论，就在于中文的"身份"与英文的"identity"所包含的意思不尽相同。中文的"身份"包括三重含义：一是指主体是谁，强调对行为主体所扮演角色的定位；二是指受人敬重的社会地位；三是物品的质量。英文的"identity"也有三种基本含义：一是指行为主体是谁，强调对行为主体所扮演角色的定位；二是对于个体与个体，或个体与团体之间基于相同特点及社会属性的认同感；三是两个主体间的相同性和一致性。"identity"的基本含义是行为主体的身份和社会角色，表现为个体在社会中的存在状态；而回答主体是谁的问题，实际上可以理解为，通过确认主体自身的社会身份，区别自身和他人，或群体之间不同角色的特征，从而对某些角色产生认同感和归属感的过程；同时，这个过程也包含着社会中他人对主体归属该角色的认同的形成。可见，英文中的"identity"包含中文的"身份"和"认同"两重含义。因此，将"identity theory"翻译成为身份认同理论是非常恰当的。

在社会活动中，人们将社会角色内化成为一种身份认同，以确定一个人在社会中行为的框架。正如埃里克森所言："人的存在感是由其身份决定的"。对身份的认同，则来自于对比不同角色和群体间的差异。行为主体一般会有两种身份认同的需要，一是通过对比个体与群体的不同来形成"自我身份认同"（self – identity）；另一种是通过寻找自己所属群体和其他群体的不同来形成"社会身份认同"（social identity）。

身份以及身份认同都是社会性的概念，需要在特定的社会情景，或是与他人的关系中才能定位。每个社会中的行为主体在不同的社会情景或场合，可能会有无数种身份。而某种身份的形成，即需要行为主体自身对于该身份所包含的社会属性、行为特征、价值观念等要素的确认，也依赖于他人对于主体归属于该身份的认同。基于来自主体本身以及他人两方面对特定角色的认同，行为主体才能对所扮演的社会角色进行命名及分类，从而使自己的行为标准和价值取向明晰起来。

Burke 和 Stets 认为身份认同是个体将外界行为价值取向内部化的过程，对照自身理解的意义形成某种标准，进而将标准进行自我验证。行为主体会试图通过消除身份标准和自我价值感之间的偏差来保持情感和内心的平衡。因而，行为主体进行身份认同的过程往往是目标导向的。

Stryker 和 Burke 提出身份认同理论应该强调身份的自我构建层面和社会性，因为每个人的自我都是一系列身份的集合。身份由与角色属性相关的心理过程组成，包括预期、效能、胜任能力、价值规范，以及行为准则，这些都和主体与角色相关者的关系密切关联，比如父亲和女儿的关系，老师和学生的关系等，进而形成行为主体对于每一种角色所特有的自我评价、自尊、自我价值、自我效能感等心理感知。他们还指出，身份认同是分层次的，对某一身份的认同程度越高，则行为越倾向于与该身份保持一致。同时，对于身份的认同度也依赖于行为主体为保持该身份所尽心理上的承诺以及行动上的努力。

Jasso 认为对身份认同的理解可以划分为三个维度：

（1）数量维度。主要涉及某社会角色身份可量化评价的那些因素，包括该角色的技能、胜任力、绩效，或是更为一般化的指标，如：财富。

（2）特质维度。指某角色所特有的群体性特征，如融入某特定群体所需的身份认同过程。

（3）本原维度。泛指每一个角色都有的心理感知层面的特征，如自尊、自我效能感、自我肯定度，以及自我价值。

总之，身份认同不仅仅是简单的个人心理过程，它反映了个人与社会、个体与集体的关系；身份建构是一个过程，是不断变化而非一成不变的，对身份认同的研究要放在一定的情景中考察，既要考虑到历史文化的影响，也要注意具体的社会结构和背景。

## 7.2 完美自我的构建

超级自我（Hyper - Personal）理论最初由 Walther 提出，认为在网络中，人们会利用基于网络交流所固有的一些特征，从而根据自身实际的需要调整沟通交流的方式，控制所发布的信息，以塑造更为理想的个人形象，并使得在网络中建立的关系达到更加协调的状态。超级自我理论强调对网络中各种技术的主动利用和控制，而不是被动受制于交流方式的限制。基于网络的交流具备以下四个特征，使得行为主体可以对信息进行策略性处理，来构建心目中理想自我的形象，并更有效地对个人印象进行管理

第一，信息的可控性。网络中的信息大多是以数字的形式进行交流或保存的，因此计算机中介交流的信息都是可以加以编辑的。在信息发布之前，行为主体可以对信息进行修改和完善。所有的数字化通信软件

都具有强大的文字和图片编辑功能，使用计算机进行文本信息，比使用纸和笔的传统方式更加灵活，也更易于编辑。网络交流中对信息的表达进行完善、提炼、美化，以及删除，都是面对面交流中无法做到的。

第二，沟通的异步性。相对于面对面交流，基于网络交流的双方无需立刻回应对方的信息。在信息发布出去之前，行为主体拥有足够多的时间去构建并完善信息，可以有效地避免面对面交谈时可能会发生的尴尬。在完全同步性的面对面社会交往中，行为主体几乎没有时间对所要传达的信息进行更为周全的加工和编辑，因为想要仔细斟酌信息的内容往往会造成反馈时间上的滞后，而这会破坏交流的协调性，导致沟通效果差强人意。网络中的社会交流，对于信息反馈同步性的要求大大低于面对面交流时的情形。特别是当输出的信息出现偏差时，基于计算机中介的交流可以在发送前对信息进行重新组织；而在面对面交流中，当出现这种情况时，往往只能在信息发送后进行补救。

第三，非语言信息缺失。基于网络的交流，行为主体在物理空间上是相互隔离的，因而许多不愿意透露的社会线索可以被有意识地掩饰掉，包括那些难以控制的微表情信息。在面对面交流中，有很大一部分的信息是通过非语言信息传达的，如面部表情、肢体语言等。在网络中，行为主体很多无意识的动作是无法被他人察觉的；面对面时，行为主体无意识的态度情绪往往会被他人捕捉到，语言语调的使用也会包含行为主体试图隐藏的情感和态度信息，而这些在计算机中介交流中会被完全忽略掉。基于文本的交流对信息的可控性更强。因此，网络中的行为主体对于自我呈现的控制力也更强，可以隐藏掉那些不利于理想自我形象塑造的信息，从而展示出更为理想的个人状态。

第四，专注于信息本身。在计算机中介交流中，无需控制现场交流氛围，也不用顾及非语言信息的管理，行为主体的注意力完全集中在文本信息上。控制现场交流氛围指的是在面对面社交中保持足够的唤醒水平，试图理解他人象征性或暗示性的表述，并监控对方对自己信息的反馈，从而对社交做出恰当的反应。非语言信息管理指的是控制好表情或是肢体语言，在面对面社交中保持好的个人形象。虽然这些在面对面社交中，也并非需要全神贯注，但还是会分散掉一部分注意力资源。计算机中介交流通常无需行为主体的亲身参与，因此那些用来管理个人印象的注意力可以完全用来专注于文本信息的编辑加工和传送接收，在一定程度上增强了计算机中介交流的顺畅性。

超级自我理论为网络社会中行为主体进行理想自我塑造的机制提供了解释。基于网络社会互动的特征，在各种网络应用中，行为主体可以通过对信息的选择、控制、调整，以及美化，达到更好管理自我印象的目的。Walther 认为这种机制可以视为"社会－技术"交互作用的结果，网络技术的发展对人类社会认知和互动的过程产生影响，而人类社会认知和互动的过程也会进一步促进技术的改进，使得技术更好地满足人们的需求。

## 7.3　网络名称的自我呈现

对于国家公共安全系统而言，人的姓名代表身份证上的一个标识。然而，人毕竟是一种社会动物，名字的社会属性有着更为深远和重要的涵义。正如卡西尔在《语言与神话》所提到的："名称从来就不单单是一个符号，而是名称的负载者个人属性的一部分。"名字与人的自我意识有关。每个人都有一个名字，年幼时被最亲近的人呼唤，长大后成为个体身份的标识。真实的姓名与个体的自我意识直接相关联。当表层意识出现真实姓名时，个体真实身份相关的社会线索就在意识中被唤醒。

除了基于真实身份的社交网络，在大部分领域网名是人们构建网络虚拟身份的基础。从广义上讲，网名指个体在网络上使用的名字；从狭义上讲，网名指个体在网络聊天中所使用的名字。网名是网民赋予网络社会身份带有个性化理解的标识。比如研究发现网名可以反映网络身份构建的心理动机，大学生网名的构成动机按重要程度依次排列为：张扬个性、便捷自然、寻求自我价值感、崇尚流行和宣泄情感；而构建网名动机存在差异，与网民现实社会的身份有着显著的区别。

此外，网名有着显著的性别特征，研究发现大部分的网名都可以直接判断性别。有部分网名与使用者的真实身份具备某种联系，比如：笔名、字号、或是昵称。命名的形式多有短语和句子，相对比较随意，而命名之意多以寄情为主，较多体现网络主体个人的情绪与闲情逸致，或是在某些方面的专长，以及人生抱负。

## 7.4　网络社会身份的构建

社会人是经历的产物，也是环境的产物。人的内在心理状态，以及外在行为的表现与我们所处的环境密切相关。钟瑛教授认为行为人在网络中需要重新认定自我的身份。这个认定的过程，并不仅仅指网络注册的过程，从社会学的意义上来看，更代表着个人选择怎样的角色来表现自己。事实上，在给自己起一个网名的时候，网络角色扮演，即网络社会身份的构建就已经开始了。

一般而言，身份扮演主要有四种主要情形，与现实身份互补、与现实身份相近，以及与现实身份差距较大。

### 7.4.1　网络身份与现实身份互补

指个人选择的网络身份具备自己在现实中缺乏并渴望得到的某种品

质，从而弥补与满足了个人心理需求。这一类型的身份扮演是网络身份扮演中最为普遍的类型。网络身份与现实身份互补，主要有两种情形：一种是在网络身份中克服自己现实性格中的致命弱点，夸张地表现这一弱点的反面。

现实社会中一个沉默寡言、不善言辞的人，在网络可以不自觉的滔滔不绝，畅所欲言，从而弥补了自己对这一性格弱点的缺憾。另一种情形是将自己在现实社会中无法实现的愿望，通过网络身份来实现。如一文学论坛的网友自白：

"然因根器驽钝，虽沉迷文字游戏多年，但于文学一道却始终未得正果。幸平素与一群狗党围坐之时，互相吹捧，自诩民间。大杯喝酒，酩酊之后，竟也会高歌纵诗，反衣倒屦，误以为尚有一丝魏晋遗风。"

其在现实中满怀文学抱负却不得施展，网络正好提供自由发表作品的原地，稍稍圆了作者的作家梦，从而赢得网络作家的身份，在心理上同样得到一种自我实现的满足。

社交网络要求使用真实身份，但尽管如此，很大一部分网民表示会在社交网站或交友网站上使用虚构的形象，或者用虚假的个人信息，甚至在不同的社交网络上使用不同的个人身份注册信息。一位老师在影迷群里非常活跃，经常发布成人小说。一方面她想与社区的其他成员保持联系，另一方面担心她的家人或老板发现她写作的内容，会影响到她现实中的形象。因此她申请了两个 Facebook 账号，一个账号上的是她的真实姓名，主要与她的家人和同事联系，另一个账号上是虚假的个人信息，主要用于与她的影迷朋友联系。

### 7.4.2　网络身份与现实身份相近

指一类人以基本接近本色、仅将原有身份稍作改变或包装以后进入网络。这一类人上网的目的并不是尝试新的身份，而是扩大社会活动的范围。这一类型的身份扮演一方面体现了当代人通过网络来排解孤独的心理，另一方面也反映了网络与现实的不可割裂性。

大多数人都在通过网络来寻找朋友，逃避孤独。后者体现的是网络虽然虚拟，但形式上缺场的主体不可能与现实完全分裂。在现实社会中，个人真实的个性常常难以发挥尽致，于是网络成了发泄的理想场所。

"熙熙攘攘的人群中，我们似乎都被某种孤独所包围、窒息。我不相信一张肚皮、几粒芳饵，真能把本来相同的心隔得那么遥远！我觉得能在茫茫人海中觅得相同的声音，人世的孤独也许会大为减轻。"

许多人在网络中表达自己内心真实的感受，所构建的网络身份有着现实所不具备的立体性、完整性，以及生动活泼。这也帮助他们通过网络找到了人生伴侣，或是志同道合的伙伴。在社会链接的建立上，网络中的自我构建也有着展示自身独特品质和性格特征的功能。

### 7.4.3　网络与现实身份差距较大

指一部分网民在网络中创造性的尝试身份，以体验与自己现实身份完全不同的身份感受。由于网络虚拟性的刺激，激发了人们大胆尝试的心理，因此一些人选择全新的网络身份来挑战自己。如男生扮演女生、年轻人扮演老年人等等。但一般情况下，这一类的身份扮演很难维持下去：

"很多人在刚开始进行身份游戏时，表演的是与自己全然不同的人物，但最后，大多数人还是禁不住把自己的个性带了进来。"

当网民扮演与真实社会属性相反身份的时候，由于自己完全不具备身份的现实体验，因此这种身份扮演往往并不持久。如美国的一位男性杂志作家使用一个典型的女性名"玫瑰"进入网络聊天，受到众多男性大献殷勤，使自己陷入极度尴尬。他说：

"从未预料到男人的恭维是件可怕的事情。"

也有一些女性网民为了避免受到男性的骚扰，而故意使用男性的网络身份，在水木清华论坛网友自发组建的一个联谊群里，就有很多女性采用男性的网民和身份资料。

## 7.5 网络虚拟身份的意义

网络身份的构建，具有自主性、灵活性与超越性等特点。网络社会成为各种意识和观点交流碰撞的空间，像是实验室，也像是舞台；每个人都有释放个性的空间，每个人都有可能成为被关注的对象，成为注意力集中的焦点。在这种情景下，网络虚拟身份有着自我认知，以及自我完善的功能。

### 7.5.1 自我认知的意义

网络身份是行为主体基于自身特点的个性化的选择与设计。相对于现实社会，网络中的人对身份的构建有更强的控制能力。在现实社会，人的出身不可能受个人意愿的支配，家庭背景对一个人的成长及社会地位的确立具有较大的影响。而网络身份，摆脱了现实束缚，既不受社会因素，如等级、贫富、学历等的影响，也不受身体因素，如肤色、美丑、性别等等的约束。网络身份作为一个交流的符号，完全是自主性的选择、设计，以及创造。

网络给人们提供了自主创造的机会与空间，人们会在网络中尝试不同的身份，从而从不同的侧面来审视自己。钟瑛教授对网名的研究显示，人们会在不同的网络场景中展现出与场景相适应的个性侧面。在现实社会中，社会人的身体是物理存在。在现实交往中，现实身份的认同本身就是一种行为约束，即社会人认同了自己的身份，自然而然就会表现出与这个身份相一致的行为特征。比如只要有孩子在场，妈妈的言行举止就会和母亲的身份保持一致。

在网络中，现实交往的临场感不复存在，网络身份的转换可以做到迅速而彻底，只要不计较时间的成本，网络中的个体可以不断尝试全新的身份定位。从这个意义上来说。网络身份的构建给社会人提供了重新发掘自我价值、开发自我认知的场景。在网络身份构建的过程中，人们可以对虚拟身份进行设计和再创造，一方面按身份预期来表现自己，一方面通过观察身份群的反映来调适自己，从而强化身份认同。

"在网络中，有些身份只是临时的、含糊的被构建了，仅是个预试品，他们的主人很快就会把他们摒弃。有的则结合了丰富的个性特点，使其在网上的形象特点比实际更为真实。大多数新的同一性是增加了们在现实中对自己性格的希望和幻想，这样的试验可以带来积极的结果。"

"尽管许多人其实与现实自我非常接近，只不过把某些方面稍加修饰，变成自己所期望的性格，而其他人也不过是在印象驾驭和欺骗之间跳跃，但我们都认为自己的试验并没有害处。"

人类对自我的认识本身就是一个不断发展的过程。从古希腊哲学家苏格拉底提出要认识自我开始，之后的两千多年中，哲学家、神学家、社会学家、心理学家、生物学家等等、都从各自的研究出发不断发掘人的本质。亚里士多德提出"人是政治的动物"，从社会性的角度来考察人的本质。近代西方哲学更多的认为"人是理性的动物"，柏拉图认为人的灵魂是由理性、意志和情欲三个部分组成，其中理性居于首位。卡西尔认为"人是符号动物"，"符号化的思维与符号化的行为是人类生活中最富于代表性的特征。"网络身份扮演使人的自我认识与发掘在实践上迈上一个新的台阶。

柏拉图曾经说过"人的本质是灵魂，而身体是灵魂的束缚"，网络虚拟身份虽然无法脱离现实中人的社会基础，但网络无疑给人们释放自己的灵魂提供了场所和空间，并且增强了人们的自我认知。

### 7.5.2 实现与完善自我

网络身份的塑造，是通过重新认识自己，达到不断完善自我、超越自我的过程。由于网络的虚拟性，人们从形式上摆脱了社会的自我束缚，大胆展现出一个更为真实的自我，这一自我本身就是对现实我的超越。

按照马克思历史唯物主义观点，人的发展经历三个阶段：人对人的依赖阶段、人对物的依赖阶段、人的全面而自由的发展阶段。第一阶段是人的自然状态，第二阶段是人的异化阶段，第三阶段是人的自我回归的阶段。网络对人性潜能的发掘与释放，正是一种对自我真实性追求与回归的过程，是人性发展的更高阶段。

网络身份的意义并不局限在网络生活本身，它总是以各种不同的方式向现实生活延伸，从而丰富与提高现实中自我的水平。一方面，人们会将网络生活的经验吸收到现实生活中；另一方面，人们将网络生活现实化。网络互动的感觉常常会带来突破虚拟的冲动，力图去见识思想背后的真实主体。网络交往起到的媒介作用也让那些有着相同观念、兴趣爱好，以及价值观的人有机会结识。这种将虚拟关系转化为现实关系，既拓展了人际交流的范围，也丰富了人类现实生活的内容。

## 附录：美国网络空间可信身份战略

当今世界，几乎所有人都被互联网络编织在了一起。美国的网络专家认为，网络上可以找到全球九成以上的人口的蛛丝马迹。美国将对于互联网世界的控制作为国家网络安全战略，进行着系统性的布局。双线并行的痕迹明显，一条线是以主动出击为核心的"矛"，包括主动侦听、窃取、监控；另一条线是以主动防御为特征的"盾"，包括指责别国对美国进行网络攻击，并借此构筑美国网络安全的防护网。

（一）NSTIC 的构建背景

2011 年 4 月 15 日，美国发布了《网络空间可信身份国家战略》（NSTIC)，计划用 10 年左右的时间，构建一个网络身份生态体系，推动个人和组织在网络上使用安全、高效、易用的身份解决方案。国内有观点认为，NSTIC 战略是美国加强网络管控的新动向，标志着美国从"网络自由"向"网络管控"的重要转变。NSTIC 战略的实施基于以下几个方面的因素：

第一，美国网络安全形势严峻，网络身份管理重要性日益凸显。美国是高度依赖信息网络的国家，整个社会运转与网络密不可分。随着网络成为国家依赖生存的神经单元，美国网络空间安全形势日益严峻。美国政府日益认识到一个可以确认网络主体身份的网络空间越来越重要，但目前，美国网络欺诈、身份盗用等相关问题非常突出，使得一些服务难以在线提供。据统计，2010 年美国有 810 万人遭受身份盗用或网络欺诈，造成 370 亿美元损失；美国金融机构每周会遭受 16 次网络钓鱼攻击，每年造成 240 - 940 万美元损失。

第二，网络身份管理具备了坚实的现实基础。2004 年 8 月，美国出台了国土安全总统令第 12 号（HSPD - 12），为政府部门管理联邦雇员与合同制雇员提供了一套新型身份管理标准策略。HSPD - 12 实施效果明显，在保障网络安全方面发挥了很大作用。以国防部为例，实施强身份认证后网络攻击数量降低了 46% 以上。随着美国经济运作、商业活动越来越依赖庞大而复杂的网络，美国政府认识到有必要将身份管理推广到包括私人部门在内整个网络空间。

第三，网络身份管理日益受到其他国家和地区的重视。欧盟、韩国等国家和地区加快在信息网络中引入和部署身份管理。欧盟在战略层面、技术层面为网络身份管理的大范围部署与推广作了充足的准备。欧盟从2002开始的FP6计划，相继开展了FIDIS、Traser、Stork等与身份管理相关的研究，包括电子政务、信息网络与未来网络中如何引入并部署身份管理，包括关键技术、架构、平台、应用场景等。欧盟的eIDM一揽子研究计划在2010年实现整个欧盟范围内电子身份（eID）的启用，欧盟成员国公民持有电子身份，即可在欧盟内的任一国家享受相应的求职、医疗、保险等一系列社会性服务。韩国推行"I-PIN"认证多年，授权几家"身份服务提供商"建立身份验证平台，给网络用户发I-PIN，并以此注册所有实名业务。

（二）NSTIC的基本原则

NSTIC核心内容包括指导原则、前景构想、身份生态体系构成、任务目标和行动实施NSTIC明确身份生态体系必须遵循四个原则。一是身份解决方案应当是增强隐私的并且由公众自愿应用；二是身份解决方案应当是安全、可扩展的；三是身份解决方案应当是互操作的；四是身份解决方案应当是高效且易于应用的。这四个指导原则是任务目标和行动实施的基础。

NSTIC前景构想反映了一种以用户为中心的身份生态体系。NSTIC提出的构想是：个人和组织可利用安全、高效、易用和具备互操作的身份解决方案，在一种信心提高、隐私增强、选择增多和创新活跃的环境下获得在线服务。该构想反映了一种以用户为中心的身份生态体系，适用于个人、企业、非盈利组织、宣传团体、协会和各级政府。

NSTIC明确了身份生态体系实施各方职责和进度计划。实施身份生态体系需要政府部门和私人部门的共同努力，NSTIC明确私人企业负责具体建立和实施身份生态体系，联邦政府负责指引和保障，NPO 负责制定实施路线图等。同时，NSTIC 明确在 3 - 5 年内身份生态体系的技术、标准初步具备实施条件；10 年内身份生态体系基本建成。

（三）NSTIC 的隐私保护

NSTIC 主张以用户为中心、以私营机构为主导的身份生态系统，用户隐私可以获得更强的保护 NSTIC 明确身份生态系统是自愿参与的。用户是否参与身份生态系统是自愿的，政府不会强迫用户必须获得属于身份生态系统的凭证，机构也不会强迫要求用户提供属于身份生态系统的凭证作为唯一的交互工具。用户可以自由选择满足依赖方要求的最低风险的身份生态系统凭证，或者使用由信任方提供的非身份生态系统机制的服务。NSTIC 对于用户的隐私保护有以下措施：

一是 NSTIC 将建立加强隐私保护的机制。建立清晰的隐私保护规则和指南，不仅将明确服务提供商和依赖方共享信息的问题，而且还将明确他们什么情况下可以收集用户信息、可以收集用户哪类信息、这些信息如何被管理和使用等。

二是 NSTIC 鼓励采用隐私增强的技术。用户在应用中仅向服务机构提供必要的信息，而不必泄露其他不必要的信息。NSTIC 允许用户以匿名、假名方式使用相关服务，不必泄露自己的真实姓名等信息。

三是使得身份标识数据库相对分散。隐私增强技术还可以让用户使用不同的身份标识登录不同的网站，从而没有任何人可以建立集中的数据库，通过身份凭证跟踪用户的网上行为。

NSTIC 主张私营机构主导身份生态系统的建立。NSTIC 明确，参与身份生态系统的主体将以私营机构为主，几乎所有的身份提供商、属性提供商和评估认可机构都将属于私营机构，政府在其中的角色主要是支持私营机构建立身份生态系统，并成为身份解决方案的先行者，实施身份生态系统提供服务，政府一般不会直接控制用户身份信息，在不必要的情况下也不会要求私营机构提供用户身份等信息。

（四）NSTIC 的战略意图

随着全球经济社会发展对信息网络依赖性增强，一个可以确认身份的网络空间越来越重要，身份管理成为确保网络空间繁荣和健康发展的重要因素。NSTIC 是在美国网络安全战略发生重大转变背景下提出的，是美国网络安全战略的重要构成。作为美国首个网络空间身份管理战略，其战略意图主要有两个。

一是积极应对网络安全威胁，增强网络防御并建立网络威慑。在加强网络防御的同时，实施网络威慑，旨在遏制日益增长的网络攻击，保护美国关键基础设施安全。网络身份管理对网络防御极其关键，要想积极防御必须先了解网络上有哪些主体；而网络威慑重在影响对手，必须识别和确知最有能力的网络行动者，这需要通过身份管理进行归因判断。NSTIC 的出台，极大推进了对个人、组织以及相关基础设施的识别能力，通过身份管理建立了网络空间的信任，从而增强网络防御并建立网络威慑。

二是繁荣网络经济，巩固美国全球经济霸权地位。在政府的推动下，美国网络技术发展进入新一轮高潮，云计算、智慧地球、物联网、移动互联网等均引领世界潮流。随着美国经济越来越依赖网络，网络环境面临的信任威胁越来越突出，各项在线业务发展受到阻碍，可信网络环境非常重要。NSTIC 的推出，旨在通过在网络空间部署身份管理，推进在线业务安全、便利、高效开展，增进网络信任，促进更多业务在网上开展和服务创新，从而繁荣网络经济，占领未来全球经济的制高点，进一步维护美国全球经济霸权地位。

由上可见，NSTIC 并不是以加强网络管控为目的的。尽管如此，提出将建立和维护可信数字身份，构建网络身份生态系统，这一愿景的实现，必然会增强美国对网络空间的掌控。

　　NSTIC 提出将推动身份生态系统的最终国际化，美国一旦主导国际身份管理策略标准的制定，必然将增强其对网络空间的掌控。NSTIC 提出，将推动身份生态系统的国际化，实现身份生态系统的国际互操作，事实上是要将其身份管理的策略和标准推向国际。美国很早就开始身份管理技术的研发，国家标准协会、国家标准技术研究所成立了标准组并发布了相关标准，目前在全球身份管理标准化工作中，美国是研究工作的主导力量。由于身份管理涉及到技术、社会、法律、国家政策等多方面，关系到对不同国家的法律法规、国家利益和安全，各国都希望发挥自己在此领域的主导作用。

　　美国在网络空间有着巨大优势，从芯片到操作系统，从根服务器到域名管理，美国对网络空间的掌控已经远远超出其他任何国家，形成了垄断性优势。美国推动身份生态系统的国际化，必将进一步加强美国在网络空间的影响力，确保其对网络空间的掌控。

　　（节选自：《美国网络空间可信身份战略的真实意图》，发表于《信息安全与技术》，2012 年 3 月，作者：旷野，闫晓丽。）

# 第八章

# 网络匿名与实名治理的政策建议

## 8.1 关于网络匿名与实名的基本观点

前面章节的研究为深入理解网络社会匿名与实名问题背后的机理提供具有理论价值和实际指导意义的结论及观点，为相关部门的政策制定提供研究基础。本书对于网络匿名与实名相关问题的基本观点如下：

第一，匿名性是网络社会生活的重要属性，会带来一些问题，但有着重要的社会功能。国外有关网络匿名行为的研究认为，由于视觉匿名以及在前台行为主体真实身份信息的缺失，匿名性是网络中的固有属性。这与去个体化效应，去抑制化效应，以及群体极化现象有关。这也使得人们在网络中的言行，以及沟通交流的方式与现实中存在差异。虽然，网络交往中存在的匿名性会带来一些负面的影响，但网络匿名也有着非常重要的功能，比如恢复、宣泄，以及理想自我的构建。在公共领域，网络匿名甚至起到了推动我国行政管理体制进步的作用。一系列前人的研究和普通的观点认为，在网络匿名的掩护下人们更倾向于表露自己的观点。

第二，网络匿名本质上并不局限于非匿即实，非黑即白的二元逻辑，而是程度存在差异的连续变量。随着匿名程度的不同，对主体行为的影响也存在差异。因此，提出网络匿名度的概念。网络匿名度的提出，打破了网络匿名和非匿名的二元逻辑，认为网络中客观存在的匿名性可以用介于 0 和 1 之间的连续变量加以描述，网络匿名度可转化为程度存在差异的可测量变量，为网络中行为主体真实身份的匿名性提供了评价的指标和方法。

第三，网络匿名实质上满足主客两分的划分。客观匿名指的是网络中客观存在的真实身份认证信息的缺乏性，是客观上鉴别行为主体真实身份的难度。网络主观匿名是行为主体对于自身真实身份隐匿性的心理感知。这两种匿名存在正相关性，但必须要意识到，低的网络客观匿名，并不一定导致低的网络感知匿名。网络匿名两分为研究网络中行为主体真实身份可鉴别性与网络使用效能之间平衡的探索提供了基础。

第四，网络匿名对于人们言论表达的影响，依赖于网络的环境，具体采用的网络应用的功能，以及人们使用网络的目的。在网络社会与现实社会的紧密交融中，网络社会发展的过程中有一种去匿名化的推动力，这实质上是网络文化演进过程中由量变走向质变的分水岭。研究发现，网络匿名会促进人们言论表达的观点已不再完整，比如，研究发现在新浪微博中，网络匿名反而会抑制人们表露自我的行为，因为出于展示自我，构建积极自我形象的目的，高的实名程度，反而会促进人们的自我表达。

第五，网络实名制只是网络匿名与实名问题中的一个子问题。网络实名制的本质是行为主体虚拟身份与现实身份的对应确认机制，是给网络中行为主体打上现实身份标识的一种机制。

第六，网络实名制对于规范网络言论环境，约束网络违规行为只能起到有限有效的作用。网络实名制在一定程度上能够起到规范网络环境的作用，但并非唯一有效手段，也不是绝对有效手段。而对于规范网络言论环境是可以有其他替代方法的，而这并不一定需要通过网络实名制来实现。

第七，网络实名制是一种伴随着网络社会发展而处于演进之中的制度现象。在信息成本变化的推动之下，网络社会在演化中产生了对行为主体进行实名认证的需要，网络实名制从演化的进程上具体表现为自下而上式的自发式的演进，以及自上而下的强制式管制要求，呈现出两股力量相互促进、共生演进式的历程。其产生、发展、演进的历程中有着网络社会发展中的必然性，要正确地认识到这种必然性。任何一种制度的制定都不能偏离客观的社会条件，不能偏离人们的行为习惯太远，否则就会因制度实施所付出的成本太大而分崩离析。对网络实名制的认识也是这样，既要认识到其背后的必然性，也要充分考虑人们使用网络的习惯，以及网络存在一定匿名空间的重要意义。

## 8.2　网络社会公信力建设的基本措施

公信力是一种社会系统信任，是公共权力在公平、正义、效率、人道、民主、责任等方面表现出的信任力，以及对社会民众的影响力。党的十八届六中全会提出要加强"三大诚信"建设，包括政务诚信、个人诚信，以及电子商务诚信。在互联网高度普及的时代，网络社会的公信体系是这"三大诚信"的环境基础与重要支撑。

网络社会的崛起改变了现实社会信息交互的规则，并且重构了人与人之间的连接方式。在网络社会与现实社会深度融合的当代，网络的含义已远远超越其本源的技术属性，而是作为一种人际关系与社会连接的再造机制，成为兼具工具性、社会性、人文性的社会生态系统。网络社会公信力的建立植根于现实社会，基于网络中虚拟数字信息的传播规律，又具备一定的特殊性。因此，要将网络社会公信力建设当成一件综合性的系统工程。要做制定以下四个方面的基本举措。

一是以必要的监管机制与制度设计为基础。网络赋予了人们更强大的信息处理与交换能力，扩展了人们的言论自由。然而正如孟德斯鸠所言：自由不是无限制的，而是一种法律约束之下的权利，网络社会的言行也不能逾越法律法规的边界。作为现实社会的数字化延伸，网络社会承载着越来越多的社会功能，必要的确定性是网络社会活动有序进行的保障，也是网络社会公信力产生的基础。网络公共言论领域具备典型的"公共地"属性，主体权利、责任，以及义务的界定是解决"公共地"悲剧的必要手段，而合理有效的确认机制、监管机制，以及制度设计是网络社会公信力建设的根本保障。网络在增强社会信息传播效率的同时，也在诸多领域放大了信息的失真。虚假、失真信息的泛滥对网络社会公信力造成损害。因此，还需要建立合理有效的网络信息保真与鉴别机制。

二是以治理理念的设计与合理引导为主旨。公信力是社会普遍信任的前提条件，在公信力水平较低的社会中，民众对公共权力的信心缺乏，相互间普遍的信任难以产生，社会活动成本极高，合作的秩序无法扩展。而民心一旦涣散，就难以形成社会凝聚力。党的十八届六中全会强调"民心是最大的政治，正义是最强的力量"。网络社会公信力要建立在民心和民意之所向的基础上，不能脱离民众对于网络固有价值的实际需要。要结合当前社会的具体情境，平衡好治理尺度和价值保护的需求；要结合民众使用网络的具体需要，树立公平正义和服务民众的治理理念。

三是以治理形象的塑造与正面传播为手段。网络社会的治理形象体现着治理工作的水平，这与民众的信心以及信任感的建立高度相关。网络社会的治理包括三个方面的形象：一是公共权力机构的形象，二是网络运营平台的形象，三是网络舆论代表者的形象。因此，公共权力和行政机构要建立合理有序的运行体系，树立为政为民的公心。网络平台运营者要加强自律与职业操守，在遵守相关法律法规的基础上，引导经营者加强关注运营以及内容对于网络公共环境带来的影响，不能唯利是图、投机钻营，造成网络公共信息的污染。互联网在技术结构和接入机会上是平等的，但网络社会中个体产生的影响力却并不平等，注意力的分布符合"幂率"的规律。数量相对较少的舆论领袖获取了绝大部分网络民众的关注，成为普通网民获取信息的重要来源和模仿的对象。因此，网络舆论的代表者要加强自律与自修，在网络中弘扬浩然正气，传播良好的道德品质以及阳光健康的心态。

四是以利用先进技术构建良性系统为保障。网络社会是现实社会在网络空间中的数字映射与延伸，互联网技术既是网络社会构成的物理基础，也是治理网络社会的基本工具。网络社会的治理应充分利用先进的技术手段，提升治理的智能化。智能化的治理机制能够优化网络公共信息的传播机制，有利于各层级信息的传达与流动，增加各类信息传播的透明性以及公平性。有关机构通过加强智能化技术手段的使用，从而更好地了解社会系统运行的状况，掌握民情民意，实现一定程度上的多层面信息互动，甚至对未来及一些突发性情景进行预测。这些都将大大提升社会公共治理的效率，增强民众的信任感，调动民众的参与积极性，从而进一步优化信息互动机制，形成良性反馈系统。

## 8.3 网络实名制实施政策的基本要点

我国将网络实名制作为正式规章制度而强制推行的过程中，引发了广泛而激励的争议。其中，网络实名制对于网民自由表达权的影响是各方争议集中的焦点。支持的观点认为网络实名制有利于营造诚信的网络言论环境，鼓励人们对自己的言论负责，对于愿意坦诚直言的人，实名发言还可以提升个人信誉度和发言分量。反对的观点认为实名制有损于互联网平等、自由、开放的传统价值，对网民参政议政、监督政府的积极性是一种挫伤，对网民的"言论自由"表达权是一种变相威胁。通过深入理解网络实名制的本质，将网络实名制作为一种演化中的制度现象来详细研究。本文认为对网络实名制的认识不能仅仅停留在单纯的支持或反对，兴起或废黜之上；而网络实名制对于网民自由表达权的影响也不能简单地加以赞许或斥责。

孟德斯鸠曾说过：自由不是无限制的自由，自由是一种法律约束之下的权利。因此，表达自由权在受到法律保护的同时，也必须受到法律的必要限制。如无法追究到现实中行为主体，网络社会中的法律限制便只能是一纸空文。将网络言行对应到现实个体，是为网络社会立法的基础。

作为对公民言论自由表达权利的保障，美国曾将保护网民匿名表达权的条款写入宪法。然而，正如巴塞尔所言，任何权利都不是绝对的，依赖于被赋予该权利人为保护其权利所做的努力。特别是当实现这种权利的技术不符合人们所说的双值逻辑时①，则权利的边界就很难清晰界定。我们就很难说明所谓公民的网络空间匿名表达权，取决于多大程度上无法通过网络言行准确无误地追踪到现实中的个体。从对网络的物理接入，到网络服务的注册认证，再到网络应用的具体使用，提供了哪一层面的个人信息，在何种程度上，投入多少人力物力得以追踪到现实中的自然人，就视为侵犯了公民的自由表达权。单就美国的例子而言，在

---

① 双值逻辑：要么使用这种技术产生可度量的结果，要么不使用这种技术从而不产生任何可度量的结果

网络的基础服务提供方面，依然需要用户提供真实的信息进行认证；而由美国总统奥巴马亲自签署的国家网络安全空间战略，所推出的网络数字身份系统，在其对于公民网络身份确认的功能方面，其本质无异于我国拟推行的网络实名制，而最大的区别在于是否由政府强制要求实施。

基于这样的理解，公民的匿名表达权，与在技术层面能够清晰界定网络行为主体，并不是绝对矛盾的。网络实名制本质上只是提供了将虚拟的网络身份与现实身份相对应的一种验证机制，公民网络自由表达权的保障，并不完全取决于我们是否需要在对网络的每一次使用时提供真实的身份信息，而在于我们是否能够设计出一整套的机制，能够在约束不法行为，维护网络言论环境的正常有序运行的同时，为公民自由表达个人观点提供法律和技术上的保障。而这一点，仅仅依靠网络实名制是远远不够的。

从韩国的情况来看，实名制失败的根本原因并不在于侵犯了公民的匿名表达权，而在于实施过程中，技术安全保障方面的相对落后，造成网民信息大量泄露，而引发的安全风险。归根结底在于机制设计方面的问题。从实际效果来看，韩国推行网络实名制后，网络空间中所谓谩骂、诋毁的行为短期虽有所收敛，但时日一长，随着网民反实名技术手段的提高，此类信息依然在网络上蔓延，实名制形同虚设。韩国实名制，在政策上偏离了对网络实名制现实的理解。错误地认为实行实名制就可以解决网络中存在的问题，忽视了网络实名制的本质上只是技术上将网络中的主体与其现实身份相关联的机制，只是界定了网民对言行权利与责任的基本条件。而权利与责任的具体实现，则需要一系列立法、惩处、规制的机制，以及技术手段予以保障。

另一方面，从技术上来看，即使网络实名制并未在网络的内容层普遍推行，基于网络物理端口的实名制接入，依然能够追踪到现实社会中的个体，因此网络空间实质上并无绝对的匿名可言。所谓网络匿名的自由表达，只是网民不必考虑自己的言论后果的一种心理感知，因而真正影响网民自由表达的是言论对自身带来不良后果的可能性，即能够畅所欲言的安全感，这种安全感才是网络匿名性带给用户最大的价值。基于此，如何能够在以一定的权责利约束的前提下，为网民提供有序健康的言论环境，同时又能够保障网民言论的安全感知，是比仅仅争鸣于实名制的废与止，更值得探讨和研究的课题。

然而，对于网络的监管者而言，设计一项合理的制度，不能脱离社会所处时代的历史文化背景，也不能过分偏离制度中人们行为习惯的边际。否则这项制度会因无法承受高昂的执行成本而分崩离析，韩国网络实名制从全面强制推行，到最终不得不废除，就是例证。

网络实名制归根结底只是一项制度工具，而不是一个系统的监管体系。网络实名制能够惩恶扬善，维护言论秩序；还是使得人人自危，抑制言路。其实并不在于制度工具本身，而是取决于设计运用这项工具的人。如能够在合理的领域，以合理的方式，建立合理的机制，网络实名制就能够很好地发挥明晰权责利主体，维持网络社会运行秩序的作用。

当前，我国正处于各项改革的深水岭，民众在现实中承担了过多的来自于各方面的压力，普遍生活在如影随形的强烈不安全感中。在这样的时代背景下，网络空间被更多地寄予了作为"减压阀"、"排气口"的心理诉求，同时也承担着传达民情民意、打击贪腐等有利于推进我国民主进程的重任。因此，在相关的政策、法规、技术手段等方面都还不够成熟之时，为网民的网络社会生活留下一定程度的匿名的空间，无疑有着重要的时代意义。

鉴于此，对于我国网络实名制的推行，有如下三点建议：

第一，在基于真实身份才能正常运行的领域（比如：电子商务、网上银行、电子政务等），以及网民已经自发产生实名习惯的领域（比如：实名论坛、实名征婚、社交网络等），可以采取网络实名制。

第二，在公共言论领域，将实名与否的权利交到用户自己手中，可以采取"前台匿名，后台实名"的方式，也可以不做要求，但由用户自己决定是否实名，并提供精准完善的实名认证机制。

第三，为网络留下一些匿名的空间，这部分"匿名"空间可以经由两个途径来实现，一是提供能营造匿名性的网络应用，在网络中构建一些相对区隔的环境，在这些环境中为网民提供不必过分担忧言行后果，不必担心自身匿名下的行为会对现实生活带来负面的影响，从而能够在这些空间中获得某种程度的发自内心的安全感；这种安全感可以与信息的可信度相关程度不高，其主要功能在于释放情绪、表达自我，以及寻求帮助；二是要为网络社会活动保留一定程度的匿名性，合理运用技术，特别是智能技术的手段，加强对于网络的规制，在维护网络社会的有序运行的基础上，合理保护基于互联网社交所固有的价值。

## 附录：互联网信息治理的平等与效率

公平与效率是最需要慎重权衡的社会经济问题，它在很多社会政策领域一直困扰着我们。我们无法在按市场效率生产馅饼的同时，又完全按照公平的原则去进行分配。

——奥肯·阿瑟（1975）

信息经济相较于实物经济，最为显著的特征在于资源的稀缺性假设被颠覆了。现代微观经济学的重要研究主题在于如何有效配置稀缺的资源，以满足社会不同的需求与偏好。而在互联网时代，信息经济的资源稀缺性已经发生了改变，信息本身并不稀缺，互联网中的信息是过量的、海量的，并且一直在爆炸式增长。目前，中国最为流行的社交网络微信，每日新增数据500TB，数据量超过人类之前所有书籍和出版物的总和。在互联网中，真正变得稀缺的资源成为了人的注意力。于是，如何更有效地配置网络社会中人的注意力资源成为网络经济研究的问题；如何更有效地获取注意力，成为网络营销探讨的问题；如何在维护网络健康有序的同时，实现网络中注意力资源的合理有效配置，则是互联网治理需要考虑的核心问题。

许多观点认为，互联网是人类迄今为止最为有效的传播媒介，将全世界90%以上的人口连接在了一起。人们接入互联的机会几乎是平等的，在通信基础设施和网络终端的基础上，安装相应的应用软件，就可以连接到世界的任何一个角落。接入和使用的机会是人们使用互联网的基本权利。然而，接入和使用机会上的平等却并没有持续地给网络社会的运行带来有序和效率。那些令互联网迅速普及，得到广泛运用的优点，在成为网络快速成长推动力的同时，也给网络空间的有序运行蒙上了阴影。虚假信息、网络暴力、低俗信息、失范行为、网络诈骗，在计算机中介交流所固有的匿名性的面纱掩护下，像一个个层出不穷的毒气弹，使网络原本强调自由、平等、共享的价值大打折扣。缺乏必要机制设计的平等，导致网络社会运行的低效率。这似乎又回到了那个平等与效率相互矛盾的主题。

在争夺注意力资源的竞争中，如果所有的信息享有均等的进入网络的机会，竞争必然会导致秩序的失衡。因为那些低俗的、虚假的、博人眼球而毫无意义的信息，总是拥有成本优势和传播优势；对那些高质量的、有价值的信息造成挤出效应。缺乏约束的平等，导致效率的丧失。

可以通过构造信息进入网络机会上的不平等来实现秩序，主要体现为限制、管控、约束，以及相应的清除机制。这种措施可以视为对正面信息以及负面信息的区别对待。为正面信息的传播创造更为良性的条件。然而，即使是所有正面的信息获得了平等接入的机会。在注意力争夺的过程中，各类信息产生的影响力经过竞争其分布会呈现出典型的不平等。幂率分布就是对这种不平等的典型分布特征。极少数的网络信息节点所发布的信息，获取了绝大多数的注意力。

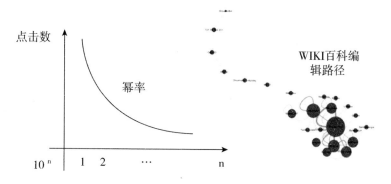

图8-1 网络信息影响力不均衡分布示意图①

互联网中信息发布机会上的平等，却造成了结果上的不平等。然而，这种不平等本身就意味注意力资源分配上的效率——让那些能够获取更多关注的信息被更为广泛地注意到。从而在网络中形成某种相对稳定的关系结构，减少对立观点间的相互碰撞与摩擦，互联网关系中广泛存在的小世界结构就反映了这种关系结构所特有的特征。

此外，也需要注意到对于互联网信息约束与管控的过分严格，在很大程度上可能会抑制互联网中信息创作的积极性。这从另一个层面反映了平等与效率之间的矛盾与冲突。但毋庸置疑的是，对于互联网的治理需要把握好提供接入机会平等，维持网络环境有序，以及激励产生效率之间的平衡。

---

① 注：WIKI百科编辑路径图，来源：汪丁丁《行为经济学基础讲义》。

# 参考文献

**中文参考文献**

[1] 爱伦. 斯密德. 财产、权力和公共选择—对法和经济学的进一步思考 [M]. 上海：上海三联书店，上海人民出版社，1999.

[2] 贝克尔（美）. 人类行为的经济分析 [M]. 上海：上海人民出版社，2008.

[3] 蔡德聪，刘素华. "网络实名制"与网络不良信息治理 [J]. 中国行政管理，2012（11）：68-71.

[4] 陈剑勇，吴桂华. 身份管理技术及其发展趋势. 电信科学，2009 年第 2 期，35-41.

[5] 陈俊，张积家，王嘉英. 大学生网名命名动机的研究 [J]. 心理科学，2006，29（4）：957-959.

[6] 陈力丹. 虚拟社会管理的六个理念 [J]. 中国党政干部论坛，2011（04）：22-24.

[7] 陈曦，李钢. 网络文化演化的制度经济学诠释 [J]. 商业研究，2013（10）：14-19.

[8] 陈曦，李钢. 网络实名制的身份确认及制度演化 [J]. 重庆社会科学，2013（7）：53-59.（新华文摘全文转载）

[9] 陈曦，李钢. 网络实名制的身份确认及制度演化 [J]. 重庆社会科学，2013（7）：53-59.

[10] 陈曦，李钢. 网络文化演化的制度经济学诠释 [J]. 商业研究，2013

（10）：14－19.

[11] 陈曦，李钢. 言论领域实名制监管策略探析——基于完全信息动态博弈模型[J]. 北京邮电大学学报社科版，2012（4）：27－33.

[12] 陈远，邱均平，邹晶. 对我国网络社区信息传播管理法规的思考[J]. 山东社会科学，2008，5：32－37.

[13] 程琮，刘一志，王如德. Kendall 协调系数 W 检验及其 SPSS 实现[J]. 情报理论与实践，2009（06）：1－7.

[14] 崔志坤. 个税制度设计的一个前提考量：税收行为的有限理性[J]. 财政金融研究，2012（1）：116－122.

[15] 刁生福. 在虚拟与现实之间——论网络空间社会问题的道德控制[J]. 自然辩证法通讯，2001（6）：1.

[16] 冯斌元. 公共网络安全视野下的虚拟社会管理研究[J]. 公安研究，2010（8）：12－17.

[17] 冯登国，苏璞睿. 虚拟社会管理面临的挑战与应对措施[J]. 中国科学院院刊，2012（01）：17－23.

[18] 符刚，刘春华，林万祥. 信息成本：国内外研究现状及述评[J]. 情报杂志，2007（11）：83－86.

[19] 付垚. 杭州施行网络实名制引发的思考. 新闻世界，2009（07）：157－158.

[20] 甘诺，许明柱. 网络信任的社会学解读[J]. 南京财经大学学报，2008（5）：86－88.

[21] 高荣林. 对韩国废除网络实名制的反思[J]. 当代传播，2013（01）：47.

[22] 高文苗. 法治视野下的网络实名制探析[J]. 兰州学刊，2012（03）：167－170.

[23] 管人庆. 论网络政治表达权的法律保障机制——以匿名权为核心视角[J]. 社会科学辑刊，2012（02）：49－52.

[24] 郭学文，刘宗元. 略论网络实名制对大学生媒介素养提升的作用[J]. 东南传播，2010（07）：48－49.

[25] 国务院. 互联网信息服务管理办法[Z]. 2000.9.25.

[26] 何大安. 行为经济人有限理性的实现程度[J]. 中国社会科学，2004（04）：91－103.

［27］胡建国，博昊渊．谁在网络中抱怨——基于网络社会分层视角［J］．北京社会科学，2013（04）：40-45.

［28］胡琴．卡森的信息成本与制度演化理论述评［J］．教学与研究，2001（01）：70-74.

［29］黄新华，于正伟．新制度主义的制度分析范式：一个归纳性述评［J］．财经问题研究，2010（03）：17-25.

［30］黄学成，张清亮．实名制的探讨—从现实社会实名制看虚拟社会实名制［J］．南方论刊，2010（8）：60-62.

［31］黄玉迎．网民表达自由与网络实名制［J］．新闻学论集，2011（2）：79-90.

［32］蒋广学，周航．网络社会的本质内涵及其视域下的青年社会化［J］．中国青年研究，2013（02）：102-107.

［33］蒋索，邹泓．青少年与同伴自我表露问卷的编制［J］．心理学报，2008，40（2）：184-192.

［34］科斯，阿尔钦，诺斯．财产权利与制度变迁—产权学派与新制度学派译文集［M］．上海：上海三联书店，上海人民出版社，1994：96-113.

［35］李灿，辛玲．调查问卷的信度与效度评价方法研究［M］．中国卫生统计，2008（5）：541-545.

［36］李钢，陈曦．走向自主、多元与包容——我国网络文化发展建设十年回顾［J］．网络传播，2012（10）：60—65.

［37］李钢．虚拟社会管理的制胜之道［J］．电子政务，2011（9）：15-20.

［38］李莉，何帆．巴塞尔资本协议的国际政治经济学分析［J］．社会科学战线，2008（5）：007.

［39］李领臣．实名制泛化的冷思考［J］．甘肃政法学院学报，2008（5）：150-154.

［40］李云鹏．试论网络社会规范及其治理［D］．山西：山西大学，2008.

［41］林毅夫．诱致性变迁与强制性变迁．财产权利与制度变迁［M］．上海：三联出版社，1991.

［42］林永青．网络实名制利弊之辨：利远大于其弊［N］．人民日报，2010.5.11.

［43］刘建明．实名制的强制与宽容［J］．当代传播，2013（01）：14.

［44］刘建明．网络实名制：为个人言行负责［J］．新闻战线，2012（2）：81-82．

［45］刘少杰．网络化时代的社会结构变迁［J］．学术月刊，2012（10）：14-23．

［46］刘少杰．网络化时代社会认同的深刻变迁［J］．中国人民大学学报，2014（05）：62-70．

［47］刘星．论网络实名制在我国的实施［J］．法制与社会，2012（1）：161-162．

［48］卢玮．表达自由权与网络实名制的法律博弈［J］．兰州学刊，2012（09）：161-164．

［49］吕承文，田东东．熟人社会的基本特征及其升级改造［J］．重庆社会科学，2011（11）：37-40．

［50］马费成，夏永红．网络信息的生命周期实证研究［J］．情报理论与实践，2009（06）：1-7．

［51］曼纽尔·卡斯特［美］．网络社会的崛起［M］．北京：社会科学文献出版社，2006．

［52］诺思．经济史中的结构与变迁［M］．上海：上海三联书店，上海人民出版社，1994．

［53］彭礼堂，饶传平．数字化生存与网络法治建设：高校BBS用户注册实名制批判［J］．科技与法律，2004（3）：30-35．

［54］沈逸．美国国家网络安全战略的演进及实践［J］．美国研究，2013（03）：30-50．

［55］宋丽娜．人情的社会基础研究［D］．华中科技大学，2011．

［56］宋强，李钢．基于博弈模型的互联网低俗内容监管可行性研究［J］．电信科学，2011（7）：52-58．

［57］孙冰．基于演化经济学的技术创新相关研究综述［J］．管理评论，2011（12）：56-62．

［58］汤行易．易经中的数学—梅花易数［M］．西安：陕西师范大学出版社，2009．

［59］唐美丽，曹凯．韩国网络实名制对我国网络管理的借鉴意义研究［J］．情报杂志，2010（12）：62-66．

［60］田宏伟，孟桂荣．论我国网络实名制实施面临的问题与对策［J］．现代情

报, 2013 (09): 68 - 76.

[61] 田卉. 基于 SNS 网络的自我表露实证研究 [J]. 当代传播, 2013 (06): 75 - 78.

[62] 童星, 罗军. 网络社会极其对经典社会学理论的挑战 [J]. 南京大学学报, 2001 (5): 96 - 102.

[63] 汪丁丁 (2005). 制度分析基础讲义—自然与制度 [M]. 上海: 上海人民出版社, 2005.

[64] 汪丁丁. 转型期中国社会的社会科学研究框架 [J]. 财经问题研究, 2011 (7): 3 - 13.

[65] 汪丁丁. 行为经济学讲义—演化论的视角 [M]. 上海: 上海人民出版社, 2011.

[66] 汪丁丁. 制度创新的一般理论 [J]. 经济研究, 1992 (5): 69 - 85.

[67] 王德福. 论熟人社会的交往逻辑 [J]. 云南师范大学学报: 哲学社会科学版, 2013, 45 (3): 79 - 85.

[68] 王东玉. 关于网络匿名表达权的保护与规制的探究 [J]. 法制与社会, 2013 (18): 170 - 171.

[69] 王立宏. 演化经济学技术 - 制度二分法的理论演进 [J]. 山东社会科学, 2011 (01): 104

[70] 王莹. 身份认同与身份建构研究评析 [J]. 河南师范大学学报 (哲学社会科学版), 2008 (35): 50 - 53.

[71] 王甄. 虚拟社会管理: 关乎中国未来的 "大设计" [J]. 电子政务, 2011 (9): 21 - 25.

[72] 韦森, 汪丁丁, 姚洋. 制度经济学三人谈 [M]. 北京: 北京大学出版社, 2005.

[73] 魏亮. 身份管理策略思考 [J]. 电信网技术, 2009 年第 3 期, 36 - 39.

[74] 文静. 网络实名制风声又起 [N]. 广州日报, 2009. 12. 23.

[75] 吴连霞. 中国养老保险制度变迁机制研究 [D]. 首都经济贸易大学, 2012.

[76] 夏玉珍, 刘小峰. 论 "差序格局" 对中国社会学理论的贡献 [J]. 思想战线, 2011, 37 (6): 31 - 36.

[77] 谢舜, 赵少钦. 网络虚拟社会伦理问题的成因与控制 [J]. 广西大学学报, 2002 (6): 17.

[78] 谢天, 郑全全, 陈华娇. 以计算机为媒介的沟通对人际交流关系的影响 [J]. 心理科学, 2009 (1): 184-186.

[79] 谢小亮. 实名制: 手机可以网络不行 [N]. 中国青年报, 2007.1.8.

[80] 谢耘耕, 刘锐, 刘怡, 高云微, 郑广嘉, 李明哲. 网络社会治理研究综述 [J]. 新媒体与社会, 2014 (04): 91-132.

[81] 信息产业部. 互联网电子公告服务管理规定 [Z]. 2000.11.6.

[82] 熊映梧. 中国改革的制度分析 [J]. 财经问题研究, 1998 (09): 4-11.

[83] 徐晓林. 互联网虚拟社会的特征与管理 [J]. 电子政务, 2011 (09): 10-11.

[84] 亚当. 乔伊森. 网络行为心理学: 虚拟世界与真实生活 [M]. 北京: 商务印书馆, 2010.

[85] 严若森. 企业家成长制度分析的理论逻辑 [J]. 天津社会科学, 2002 (01): 82-86.

[86] 严一云, 谢雪. 当代中国网络公共领域的发展困境 [J]. 天水行政学院学报, 2009 (6): 67-70.

[87] 杨福忠. 公民网络匿名表达权之宪法保护——兼论网络实名制的正当性 [J]. 法商研究, 2012 (05): 32-39.

[88] 杨华. "无主体熟人社会" 与乡村巨变 [J]. 读书, 2015 (4): 31-40.

[89] 杨晓楠. 互联网实名制管理与公民个人信息的保护 [J]. 情报科学, 2012 (11): 1613-1616.

[90] 杨宜音. 文化认同的独立性和动力性: 以马来西亚华人文化认同的演进与创新为例 [J]. 海外华族研究论集, 2002 (3): 407-420.

[91] 姚洋. 制度与效率: 与诺思对话 [M]. 成都: 四川人民出版社, 2002.

[92] 约翰. N. 卓贝克. 规范与法律 [M]. 北京: 北京大学出版社, 2012: 111-112.

[93] 张帆, 陆艺. 基于网络实名制争议的权力意识思考 [J]. 求实, 2010 (11): 72-75.

[94] 张欢, 杨霖. 身份映射关系: 网络实名制法理基础. [J]. 山西高等学校社

会科学学报，2009（4）：97-104.

[95] 张建文，罗浏虎.中韩网络实名制之精神分野与网络管理理念更新 [J].重庆邮电大学学报（社会科学版），2012（03）：23-30.

[96] 张雷.网络社会的本质及其发展历程与趋势论析 [J].天津行政学院学报，2008（4）：23-26.

[97] 张蕾蕾.社会身份理论视域下中国共产党政党外交研究 [D].上海：复旦大学，2011.

[98] 张莉.析美国《网络空间可信身份国家战略》 [J].江南社会学院学报，2012（04）：6-9.

[99] 张维迎.博弈论与信息经济学 [M].上海：上海人民出版社，1996

[100] 张文祥，李丹林.网络实名制与匿名表达权 [J].当代传播，2013（04）：75-78.

[101] 张再云，魏刚.网络匿名性问题初探 [J].重庆社会科学，2003（02）：76-78.

[102] 章华.认知模式与制度演化分析 [J].浙江社会科学，2005（04）：52-58.

[103] 赵玲.虚拟社区参与行为的实证研究 [D].武汉：华中科技大学，2011.

[104] 郑艳.心理学理论视角的网络去个性化现象分析——从弗洛姆到罗洛梅的分析 [J].哈尔滨学院学报，2009：28-32.

[105] 钟瑛，刘海贵.网络身份的意义探析 [J].复旦学报社会科学版，2003（6）：78-82.

[106] 周业安.制度演化理论的新发展 [J].教学与研究，2004（04）：63-70.

[107] 周永坤.网络实名制立法评析 [J].暨南学报（哲学社会科学版），2013（02）：1-7.

[108] 朱光华，李海伟.制度变迁中的供求错位分析——从农地流转谈起 [J].南开经济研究，2005（04）：16-20.

[109] 朱景.网络实名制的全球先行者，韩国为什么失败了？ [W].url：http：//int.nfdaily.cn/content/2012r01/19/content_ 36711818.htm，2012.

[110] 朱靖琰，王超.网络实名制的是与非——基于建构网络公共领域的视角

［J］. 重庆邮电大学学报（社会科学版），2014（01）：50 - 54.

［111］朱立立. 韩国网络实名制的"前世今生"［J］. 青年记者，2012（18）：105 - 106.


**英文参考文献**

［1］Ackerman，M. S.，Cranor，L. F.，and Reagle，J. Privacy in e - commerce：examining user scenarios and privacy preferences［C］. Proc. of the 1st ACM conference on Electronic commerce，1999，1 - 8.

［2］Adrianson，L. and E. Hjelmquist，Group process in face - to - face and computer mediated communication［J］. Behaviour and Information Technology，1991，10：281 - 296.

［3］Albrechtsen，E. A qualitative study of users' view on information security［J］. Computers & Security 26，4（2007），276 - 289.

［4］Allport，G. W.，The nature of prejudice［M］. MA：Addison - Wesley，1979.

［5］Altman，I. and M. M. Chemers，Culture and environment［M］. Monterey，CA：Brooks/Cole Publishing Company，1980.

［6］Altman，I. T.，Social penetration：the development of interpersonal relationships［M］. New York：Holt Rinehart，Winston，1973.

［7］Altman，I.，A. Vinsel and B. B. Brown，Dialectic Conceptions In Social Psychology：An Application To Social Penetration And Privacy Regulation［J］. Advances in Experimental Social Psychology，1981，14：107 - 160.

［8］Barak，A.，SAHAR：an Internet - based emotional support service for suicidal people［M］. A European Perspective' conference，2001.

［9］Bargh，J. A.，K. Y. A. McKenna andG. M. Fitzsimons，Can you see the real me？Activation and expression of the 'true self' on the Internet［J］. Journal of social Issues，2002，58（1）：33 - 48.

［10］Baron，R. A. and D. R. Richardson，Self - awareness：External reminders of who we are and what we stand for［M］. New York：Plenum Publishing Corporation，1994.

［11］Baron，R. M. and D. A. Kenny，The Moderator - Mediator Variable Distinction in Social Psychological Research：Conceptual，Strategic，and Statistical Considerations［J］.

Journal of Personality and Social Psychology, 1986, 51 (6): 1173 – 1182.

[12] Baumeister, R. F. and M. R. Leary, The need to belong: Desire for interperson-al attachments as a fundamental human motivation [J] . Psychological Bulletin, 1995, 117 (3): 497 – 529.

[13] Berdahl, J. L. and K. M. Craig, Equality of participation and influence in groups: the effects of communication medium and sex composition [J] . Computer – Supported Coop-erative Work, 1996 (4): 179 – 201.

[14] Berendt, B. Privacy in e – commerce: Stated preferences vs. actual behavior [J] . Communications of the ACM 48, 2005: 101 – 106.

[15] Boyd, D. M. and N. B. Ellison, Social network sites: Definition, history, and scholarship [J] . Journal of Computer – Mediated Communication, 2008 (13): 210 – 230.

[16] Burgoon, J. K. and J. B. Walther, Nonverbal expectancies and the evaluative con-sequences of violations [J] . Human Communication Research, 1990 (17): 232 – 265.

[17] Burke, P. J. and J. E. Stets, Trust and commitment through self – verification [J] . Social Psychology Quarterly, 1999 (62): 347 – 366.

[18] Chen , X. and G. Li, Game Analysis and Discussion on the Autonym System of Internet Public Sphere [J] . Advances in Information Sciences and Service Sciences, 2012, 4 (16): 272 – 279.

[19] Chen, K. and Rea, A. Protecting personal information online: A survey of user privacy concerns and control techniques. Journal of Computer Information Systems 44, 2004 (4): 85 – 92.

[20] Chesney, T. andD. K. S. Su, The impact of anonymity on weblog credibility [J] . International Journal of Human – Computer Studies, 2010 (68): 710 – 718.

[21] Christopherson , K. M. , The positive and negative implications of anonymity in Internet social interactions: "On the Internet, nobody knows you' re a dog" [J] . Comput-ers in Human Behavior, 2007, 23 (6): 3038 – 3056.

[22] Coffey, B. and S. Woolworth, Destroy the scum, and then neuter their families: the web forum as a vehicle for community discourse? [J] . The Social Science Journal, 2004 ( 41): 1 – 14.

[23] Coleman, E. G. and Golub, A. Hacker practice. Anthropological Theory 8, 2008 (3): 255 – 277.

[24] Collingwood, L., Privacy, anonymity and liability: Will anonymous communications have the last laugh? [J]. Computer Law & security review, 2012 (28): 328 – 334.

[25] Conti, G. and Sobiesk, E. An honest man has nothing to fear: user perceptions on web – based information disclosure [J]. SOUPS, 2007: 112 – 121.

[26] Corbin, J. M. and Strauss, A. L. Basics of qualitative research: Techniques and procedures for developing grounded theory [M]. Sage Publications, Inc, 2008.

[27] Crespo, A. H., I. R. Bosque, and M. M. G. Salmones, The influence of perceived risk on Internet shopping behavior: a multidimensional perspective [J]. Journal of risk Research, 2009, 12 (2): 259 – 77.

[28] Cress, U. and J. Kimmerle, Endowment heterogeneity and identifiability in the information – exchange dilemma [J]. Computers in Human Behavior, 2008 (24): 862 – 874.

[29] Davidson, K. P., J. W. Pennebackerand S. S. Dickerson, Who talks? The social psychology of illness support groups [J]. American Psychologist, 2000 (55): 205 – 17.

[30] Derlega, V. J., S. Metts and S. Petronio, Self – disclosure [M]. Sage Publications, Inc, 1993.

[31] DeSanctis, G. and M. S. Poole, Capturing the Complexity in Advanced Technology Use: Adaptive Structuration Theory [J]. Organization science, 1994 (5): 121 – 140.

[32] Devito, J. A., The Interpersonal Communication Book, Eight Editions [M]. New York: Longman, 1998.

[33] Dindia, K. and S. Duck, Communication and personal relationship [M] s. New York: Wiley, 2000.

[34] Dowling, G. R. and R. Stalin, A model of perceived risk and intended risk – handling activity [J]. Journal of Consumer Research, 1994, 21 (1): 119 – 34.

[35] Dubrovsky, V. J., B. N. Kiesler and B. N. Sethna, The equalization phenomenon: status effect in computer – mediated and face – to – face decision – making groups [J]. Human – Computer Interaction, 1991, 2 (2): 119 – 146.

[36] Edmonson, A. C., and McManus, S. E. Methodological fit in management field

research. Academy of Management, 2007 (32): 1155 – 1179.

［37］Elizabeth, D. H. , Aspects of Human Behaviors: Dimensions of Human Behavior: Person and Environment ［M］. SAGE Publications, Inc, 2007.

［38］Etzioni, A. and O. Etzioni, Face – to – face and computer – mediated communities: A comparative analysis ［J］. The Information Society, 1999, 15 (4): 241 – 248.

［39］Flanagin, A. J. , V. Tiyaamornwong, J. O' Connor and D. R. Seidold, Computer – mediated group work: the interaction of member sex and anonymity ［J］. Communication Research, 2002 (29): 66 – 93.

［40］Frampton, B. D. and J. T. Child, Friend or not to friend: Coworker Facebook friend requests as an application of communication privacy management theory ［J］. Computers in Human Behavior, 2013, 29 (6): 2257 – 2264.

［41］Frye, N. E. and M. M. Dornisch, When is trust not enough? The role of perceived privacy of communication tools in comfort with self – disclosure ［J］. Computers in Human Behavior, 2010, 26 (5): 1120 – 1127.

［42］Gary, T. M. , What's in a Name? SomeReflection on the Sociology of Anonymity ［J］. The Information Society, special issue on anonymous communication forthcoming, 1999.

［43］Graham, J. , F. Boller, R. S. Berndt, I. H. Robertson andG. Rizzolatti, Elsevier Health Science ［M］. Handbook of Neuropsychology, 2002.

［44］Granello, D. H. and J. E. Wheaton, Online data colleaction: Strategies for research ［J］. Journal of counseling and Development, 2004 ( 82): 387 – 393.

［45］Greenberger, D. B. , Miceli, M. P. , and Cohen, D. J. Oppositionists and group norms: The reciprocal influence of whistle – blowers and co – workers. Journal of Business Ethics , 1987 (6): 527 – 542.

［46］Haraway, D. J. , A manifesto for cyborgs: Science, technology, and socialist feminism in the 1980s ［M］. Center for Social Research and Education, 1985.

［47］Hardin , G. , The tragedy of the commons ［J］. science, 1968, 162 (3859): 1243 – 1248.

［48］Hass, C. , Does the medium make a difference? Two studies of writing with pen and paper and with computers [J] . Human – Computer Interaction, 1989 (4): 149 – 169.

[49] Hassan, A. M. , M. B. Kunz, A. W. Pearson and F. A. Mohamed, Conceptualization and measurement of perceived risk in online shopping [J] . Market Management, 2006, 16 (1): 138 – 47.

[50] Hatfield, E. and S. Sprecher, Mirror, mirror. The importance of looks in everyday life [M] . Albany: State University of New York Press, 1986.

[51] Hayne, S. andR. Rice, Attribution Accuracy When Using Anonymity In Group Support Systems [J] . International Journal of Human Computer Studies, 1997 (3): 429 – 450.

[52] Heiner, R. A. , The Origin of predictable Behavior [J] . American Economic Review, 1997 (73): 560 – 95.

[53] High, A. C and S. E. Caplan, Social anxiety and computer – mediated communication during initial interactions: Implications for the hyperpersonal perspective [J] . Computers in Human Behavior, 2009, 25 (2): 475 – 482.

[54] Hofstede, G. Dimensions of national cultures in fifty countries and three regions. In J. Deregowski, S. Dzuirawiec and R. Annis, eds. , Explications in CrossCultural Psychology. 1983.

[55] Hollingshead, A. B. , Information suppression and status persistence in group decision – making: the effects of communication media [J] . Human Communication Research, 1996 (23): 193 – 219.

[56] Hopkins, K. D. and D. L. Weeks, Tests for nomality and measures of skewness and kurtosis: Their place in research reporting [J] . Educational and Psychological Measurement, 1990 (50): 717 – 729.

[57] Howard A. Schmidt, The National Strategy for Trusted Identities in Cyberspace and Your Privacy, www. whitehouse. gov, 2011. 4. 26

[58] Hughesa, D. J , M. Rowe, M. Batey and A. A. Lee, A tale of two sites: Twitter vs. Facebook and the personality predictors of social media usage [J] . Computers in Human Behavior, 2012, 28 (2): 561 – 569.

[59] Ignatius, J. , A. Mustafa and M. Goh, Modeling funding allocation problems via AHP – fuzzy TOPSIS [J] . International Journal of Innovative Computing, Information and

Control, 2012 (8): 3329 - 3341.

[60] Jasso, G. , Identity, Social Identity, Comparison, And Status: Four Theories With a Common Core. Working Paper (2002) .

[61] Jensen, C. and Potts, C. Privacy practices of Internet users: self - reports versus observed behavior. International Journal of Human - Computer Studies, 2005 (1): 203 - 227.

[62] Jiang, L. , N. N. Bazarova andJ. T. Hancock, The Disclosure - Intimacy Link in Computer - Mediated Communication: An Attributional Extension of the Hyperpersonal Model [J] . Human communication research, 2011, 37 (1): 58 - 77.

[63] Joinson, A. N. and P. Banyard, Psychological aspects of information seeking on the Internet [J] . ASLIB Proceedings, New Information Perspectives, 54 (2): 95 - 102.

[64] Joinson, A. N. , A. Woodley and R. Ulf - Dietrich, Personalization, authentication and self - disclosure in self - administered Internet surveys [J] . Computers in Human Behavior, 2005, 23: 275 - 285.

[65] Joinson, A. N. , Self - disclosure in computer—mediated communication: the role of self - awareness and visual anonymity [J] . European Journal of Social Psychology, 2001, 31 (2): 177 - 92.

[66] Kane, G. C. , R. G. Fichman, J. Gallaugher and J. Glaser, Community relations 2. 0 [J] . Harvard Business Review, 2009 (87): 45 - 50.

[67] Keisler, S. , J. Siegel and T. McGuire, Social psychological aspects of computer - mediated communication [J] . American Psychologist, 1984 (39): 1123 - 1134.

[68] Kim, H. , G. J. Kim, H. W. Park and R. E. Rice, Configurations of relationships in different media: FTF, email, instant messenger, mobile phone, and SMS [J] . Journal of Computer - Mediated Communication, 2007, 12 (4): 1183 - 1207.

[69] Kim, J. and J. R. Lee, The Facebook paths to happiness: Effects of the number of Facebook friends and self - presentation on subjective well - being. Cyberpsychology [J] . Behavior and Social Networking, 2011, 14 (6): 359 - 364.

[70] Kimmerle, J. , U. Cress andF. W. Hesse, An interactional perspective on group awareness: Alleviating the information - exchange dilemma (for everybody?) [J] . International Journal of Human - Computer Studies, 2007 (65): 899 - 910.

[71] King, R. , Assessing Anonymous Communication on Internet: policy Deliberations [C] . AAAS, 2001.

[72] Kraut, R. E. and Resnick, P. Building Successful Online Communities: Evidence – Based Social Design [M] . The MIT Press, Cambridge, Massachusetts 2011.

[73] Krishnamurthy, B. and Wills, C. E. Characterizing privacy in online social networks. Proc. of the first workshop on Online social networks, 2008: 37 – 42.

[74] Lapidot – Lefler, N. and A. Barak , Effects of anonymity, invisibility, and lack of eye – contact on toxic online disinhibition [J] . Computers in human behavior, 2012, 28 (2): 434 –443.

[75] Laurenceau, J. , L. F. Barrett and P. R. Peitromonaco, Intimacy as an interpersonal process: The importance of self – disclosure and partner disclosure, and perceived partner responsiveness in interpersonal exchanges [J] . Journal of Personality and Social Psychology, 1998, 74 (5): 1238 – 1251.

[76] Lea, M. and R. Spears, D. deGroot, Knowing me, knowing you: Anonymity effects on social identity processes within groups [J] . Personality and Social Psychology Bulletin, 2001, 27 (5): 526 –537.

[77] Lee, D. Y. , The role of attachment style in building social capital from a social networking site: The interplay of anxiety and avoidance [J] . Computers in Human Behavior, 2013, 29 (4): 1499 –1509.

[78] Lin, K. and H. Lu, Group Awareness in CSCL Environments [J] . Computers in Human Behavior, 2011, 27 (3): 1152 – 1161.

[79] Lockheed, M . E. and K. P. Hall, Conceptualizing sex as a status characteristic: Applications to leadership training strategies [J] . Journal of Social Issues, 1976, 32 (3): 111 – 124.

[80] Maczewski , M. , Exploring identities through the Internet: Youth experiences online [M] . Child and Youth Care Forum. Kluwer Academic Publishers – Plenum Publishers, 2002.

[81] Marx, G. T. What's in a Name? Some Reflections on the Sociology of Anonymity. The Information Society, 1999 (2): 99 – 112.

[82] Maslow, A. H. , Toward a psychology of being [M] . New York: Van Nostrand, 1968.

[83] Matheson, K. , Social cues in computer – mediated negotiations: gender makes a difference [J] . Computers in Human Behavior, 1991 (7): 137 – 145.

[84] Matheson, K. , Women and computer technology [M] . London: Harvester Wheatsheaf, 1992.

[85] Mazurek, M. L. , Arsenault, J. P. , Bresee, J. , et al. Access Control for Home Data Sharing: Attitudes, Needs and Practices. Proc. of CHI 2010, ACM , 2010: 645 – 654.

[86] McKenna, K. Y. A. and Bargh, J. A. Plan 9 From Cyberspace: The Implications of the Internet for Personality and Social Psychology. Personality and Social Psychology Review , 2000 (4): 57 – 75.

[87] Nadkarnia, A. and S. G. Hofmann, Why do people use Facebook? [J] . Personality and Individual Differences, 2012, 52 (3): 243 – 249.

[88] Nardi, B. A. , D. J. Schiano andM. Gumbrecht, Blogging as social activity or would you let 900 million people read your diary? [C] . Proceedings of the 2004 ACM Conference on Computer Supported Cooperative Work. Chicago, IL: ACM, 222 – 231.

[89] Nelson, R. K. and G. W. Sidney, An Evolutionary Theory of Economic Change. Cambridge [M] . Mass: Belknap Press of Harvard University Press, 1982.

[90] Nosko, A. , E. Wood and S. Molema, All about me: Disclosure in online social networking profiles: The case of Facebook [J] . Computers in Human Behavior, 2010, 26 (3): 406 – 418.

[91] Park, N. , B. Jin and S. Annie, Effects of self – disclosure on relational intimacy in Facebook [J] . Computers in Human Behavior, 2011, 27 (5): 1974 – 1983.

[92] Patton, M. Q. Qualitative research and evaluation methods. Sage Publications, Inc, 2002.

[93] Pears, R. and M. Lee, Social influence and the influence of the ' social' in computer – mediated communication [M] . London: Harvester Wheatsheaf, 1994.

[94] Pennebaker, J. W. , Emotion disclosure and health. Washinton [M], DC: American psychological association, 1995.

[95] Petronio, S. and J. P. Caughlin, Communication privacy management theory: Understanding families. Engaging theories in family communication [M]. Thousand Oaks, CA: Sage Publications, 2006.

[96] Petronio, S., Boundaries of privacy: dialectics of disclosure [M]. Albany: State university of New York press, 2002.

[97] Petronio, S. and C. Gaff, Managing privacy ownership and disclosure [M]. Talking about Genetics. New York: Oxford University Press, 2010.

[98] Pfeil, U., R. Arjan and P. Zaphiris, Age differences in online social networking: A study of user profiles and the social capital divide among teenagers and older users in MySpace [J]. Computers in Human Behavior, 2009 (25): 643 – 654.

[99] Pfitzmann, A. and Köhntopp, M. Anonymity, Unobservability, and Pseudonymity – A Proposal for Terminology [J]. Designing privacy enhancing technologies, 2001: 1 – 9.

[100] Poster, M., The mode of Information: poststructuralism and social context [M]. Chicago: Polity, 1990.

[101] Postmes, T. and R. Spears, Behavior online: does anonymous computer communication reduce gender inequality? [J]. Personality and Social Psychology Bulletin, 2002, 28 (8): 1073 – 1083.

[102] Postmes, T. and M. Lea, Social processes and group decision making: anonymity in group decision support systems [J]. Ergonomics, 2000, 43 (8): 1252 – 74.

[103] Postmes, T., R. Spears, K. Sakhel and D. deGroot, Social influence in computer – mediated communication: the effects of anonymity on group behavior [J]. Personality and Social Psychology Bulletin, 2001, 27 (10): 1243 – 1254.

[104] Postmes, T. and R. Spears, Behavior online: does anonymous computer communication reduce gender inequality? [J]. Personality and Social Psychology Bulletin, 2002, 28 (8): 1073 – 1083.

[105] Powell, J., 33 Million People in the room: How to create, influence, and run a successful business with social networking [J]. NJ: FT Press, 2009.

[106] Poole, E. S., Chetty, M., Grinter, R. E., and Edwards, W. K. More than meets the eye: transforming the userexperience of home network management [C]. Proc. DIS

2008, ACM Press , 2008: 455 – 464.

[107] Preece, J. , Nonnecke, B. , and Andrews, D. The top five reasons for lurking: improving community experiences for everyone [J] . Computers in Human Behavior, 2004 (2): 201 – 223.

[108] Prentice – Dunn, S. and R. Rogers, Effects of public and private self – awareness deindividuation and aggression [J] . Journal of Personality and Social Psychology, 1982, 43 (3): 503 – 513.

[109] Purves, D. G and P. E. Erwin, Post traumatic stress and self – disclosure [J] . The journal of psychology, 2004, 138 (1): 23 – 33.

[110] Qian, H. and C. R. Scott, Anonymity and Self – Disclosure on Weblogs [J] . Journal of Computer – Mediated Communication, 2007 (12 ): 1428 – 1451.

[111] Rains, S. A. and C. R. Scott, To identify or not to identify: A theoretical model of receiver responses to anonymous communication [J] . Communication Theory, 2007, 17 (1): 61 – 91.

[112] Romiszowski, A. J. and R. Mason, Handbook of research for educational communications and technology [M] . New York: Simon& Schuster Macmillan, 1996.

[113] Ryan, R. M. and E. L. Deci, Self – determination theory and the facilitation of intrinsic motivation, social development, and well – being [J] . American Psychologist, 2000 (55): 68 – 78.

[114] Saunders, C. S. , D. Robey and K. A. Vaverek, The persistence of status differentials in computer conferencing [J] . Human Communication Research, 1994 (20): 443 – 472.

[115] Shklovski, I. and Kotamraju, N. Online contribution practices in countries that engage in internet blocking and censorship [C] . Proc. of CHI 2011, ACM (2011): 1109 – 1118.

[116] Siegel, J. , V. Dubrovsky, S. Kiesler and T. W. McGuire, Group processes in computer – mediated communication [J] . Organizational & Human Decision Processes, 1986 (37): 157 – 187.

[117] Simon, H. A. , The Corporation: Will It Be Managed by Machines? [M] . New York: McGraw – Hil, 1985.

［118］Sollie, D. L. and J. L. Fischer, Sex – role orientation, intimacy of topic, and target person differences in self – disclosure among women ［J］. Sex Roles, 1985 (12): 917 – 929.

［119］Spears, R. , M. Lea, R. A. Corneliussen, T. Postmes and W. T. Haar, Computer – mediated communication as a channel for social resistance: the strategic side of SIDE ［J］. Small Group Research, 2002, 33 (5): 555 – 574.

［120］Spears, R. and M. Lea, Panacea or Panopticon? The hidden power in computer – mediated communication ［J］. Communication Research, 1994 (21): 427 – 459.

［121］Special, W. P. and K. T. Li – Barber, Self – disclosure and student satisfaction with Facebook ［J］. Computers in Human Behavior, 2012 (28): 624 – 630.

［122］Sproull, L. and S. Kiesler, Connections: new ways of working in the networked organization ［M］. Cambridge, MA: MIT Press, 1991.

［123］Stets, J. E. andP. J. Burke, Identity theory and social identity theory ［J］. Social psychology quarterly, 2000, 63 (3): 224 – 237.

［124］Strauss, S. G. , Technology, group process, and group outcomes: testing the connections in computer – mediated and face – to – face groups ［J］. Human – Computer Interaction, 1996 (12): 227 – 266.

［125］Stryker , S. and P. J. Burke, The past, present, and future of an identity theory ［J］. Social psychology quarterly, 2000 ( 63): 284 – 297.

［126］Stuart, H. C. , Dabbish, L. , Kiesler, S. , Kinnaird, P. , and Kang, R. Social transparency in networked information exchange: a theoretical framework. Proc. of CSCW 2012, ACM (2012): 451 – 460.

［127］Suler, J. , The online disinhibition effect ［J］. Cyberpyschology & Behavior, 2004, 7 (3): 321 – 326.

［128］Tanis, M. and T. Postmes, Tow faces of anonymity: Paradoxical effects of cues to identity in CMC ［J］. Computers in Human Behavior, 2007, 23: 955 – 970.

［129］Teich, A. , Frankel, M. S. , Kling, R. , and Lee, Y. Anonymous communication policies for the Internet: Results and recommendations of the AAAS conference ［J］. The Information Society , 1999 (2): 71 – 77.

[130] Tidwell, L. C . andJ. B. Walther, Computer – mediated communication effects on disclosure, impressions, and interpersonal evaluations: Getting to know one another a bit at a time [J] . Human Communication Research, 2002 (28): 317 – 348.

[131] Tufekci, Z. Can You See Me Now? Audience and Disclosure Regulation in Online Social Network Sites [J] . Bulletin of Science, Technology & Society, 2007 (1): 20 – 36.

[132] Turkle, S. , Life on the Screen: Identity in the Age of the Internet [M] . New York: Simon & Schuster, 1995.

[133] Valkenburg, P. M. and J. Peter, Adolescents' identity experiments on the internet consequences for social competence and self – concept unity [J] . Commu Res, 2008, 35 (2): 208 – 231.

[134] Walther , J. B. , Selective self – presentation in computer – mediated communication: Hyperpersonal dimensions of technology, language, and cognition [J] . Computers in Human Behavior, 2007, 23 (5): 2538 – 2557.

[135] Walther, J. B. , Group and interpersonal effects in international computer – mediated collaboration [J] . Human Communication Research, 1997 (23): 342 – 369.

[136] Wanda, J. O. , The Duality of Technology: Rethinking the concept of technology in Organizations [J] . Organization science, 1992 (3): 398 – 427.

[137] Wang, F. Y. , Zeng, D. , et al. A study of the human flesh search engine: crowd – powered expansion of online knowledge [J] . Computer, 2010 (8): 45 – 53.

[138] Wang, Y. , Norice, G. , and Cranor, L. Who Is Concerned about What? A Study of American , Chinese and Indian Users ' Privacy Concerns on Social Network Sites [J] . Trust and Trustworthy Computing, 2011: 146 – 153.

[139] Wei, J. , B. Bu and L. Liang, Estimating the diffusion models of crisis information in micro blog [J] . Journal of Informatics, 2012, 6 (4): 600 – 610.

[140] Wei, L. , The game between Freedom of expression and the legal right to NRS [J] . Journal of Lanzhou, 2012 (9): 161 – 164.

[141] Weisband, S. P. , S. K. Schneider, and T. Connely, Computer – mediated communication and social information – status salience and status differences [J] . Academy of Management Journal, 1995 (38): 1124 – 1151.

[142] Wheeless, L. R. and J. Grotz, Conceptualization and measurement of reported self-disclosure [J]. Human Communication Research, 1976 (2): 338-346.

[143] Wicklund, R. A. and T. S. Ducal, Opinion change and performance facilitation as a result of objective self-awareness [J]. Journal of Experimental Social Psychology, 1971 (7): 319-342.

[144] Wiener, M. and A. Mehrabian, Language within language: Immediacy, a channel in verbal communication [M]. New York: Appleton-Century-Crofts, 1968.

[145] Wodzicki, K., E. Schwämmlein, U. Cress and J. Kimmerle, Does the type of anonymity matter? The impact of visualization on information sharing in online groups [J]. CyberPsychology, Behavior, and Social Networking, 2011 (14): 157-160.

[146] Xi, C. and L. Gang, Evaluation Indicators and Model of Network Technical Anonymity [J]. International Journal of Future Generation Communication and Networking, 2013, 6 (4): 181-192.

[147] Yurchisin, J., Watchravesringkan, K., and Mccabe, D. B. An Exploration of Identity Re-creation in the Context of Internet Dating [J]. Social Behavior and Personality: an international journal, 2005 (8): 735-750.

[148] Zhang, X. What do consumers really know about spyware [C]? Communications of the ACM, 2005 (8): 44-48.

[149] Zhao, S., S. Grasmuck and J. Martin, Identity construction on Facebook: Digital empowerment in anchored relationships [J]. Computers in Human Behavior, 2008 (24): 1816-1836.

[150] Zimbardo, P. G., The human choice: Individuation, reason, and order versus deindividuation, impulse, and chaos [C]. Nebraska symposium on motivation. University of Nebraska Press, 1969.

# 后　记

## 网络匿名与实名问题研究背后的哲学思考

小时候，听老师说哲学是科学的妈妈。所有学科，最终都会回归到哲学这个共同的本源。后来，总觉得哲学很深奥，很神秘，每当听人说起哲学家，会认为那是住在雪山云峰的世外高人，坐在菩提树下不吃不喝的怪人，或是半夜不睡觉仰望着星空的夜猫子。再后来，就读到了博士，前辈告诉我，博士是PHD，所有的博士都是哲学博士。也就是说，博士论文必须能够上升到哲学的高度，才真正够格做一位PHD。经历了人生以及学术道路的曲折，数年的青灯黄卷，起落沉浮，我终于深刻地体会到，哲学其实是思想，是人类对世界的一般认知，而这些，恰恰是研究的灵魂。

"网络社会匿名与实名问题研究"是这部书稿的名字。匿名与实名，虚拟与现实，黑与白，0和1。这些看起来对立的概念，本质上却有着同一性。而彼此间的对立，却让它们光是听起来就有着一种特殊的美感。在论文开题的阶段，需要设计一个大致的论文研究框架。构思的过程中，中国传统哲学的集大成者太极图在我脑中显现。对于网络社会应该是匿名还是实名这个问题，其实一张简单的太极图就足以表达。道家常说"大道至简"，不能转化为易于理解和流传的算不得大道，而真正算得上大道的简单，其实质往往并不简单。随着博士论文研究工作的推进，越发深刻地理解到我的研究并没有逃出太极图的诠释。

### 变．演化．历史必然

我们进行研究，常常开始于对某一类事物现象的困惑。有一位教授告诉我，这叫研究的初始困惑，是研究产生的冲动，是论文工作的起点。本论文的起点始于 2011 年底，我国政府开始逐步推进全面网络实名制，这在各界引起了广泛的争论。网络究竟应不应该实行实名制监管？这是激发本研究的第一个疑问。

哲学上有一句话，"世界上没有偶然，只有人类认识不到的必然"。网络实名制作为一种对网络社会的发展影响深刻的制度，其产生也绝不是某些大人物一拍脑门子，想要和广大网民作对的结果。发展变化的世界观告诉我，任何一种社会制度的产生、发展、变迁，直至消亡，都不是偶然的，都有着植根于社会发展演进历程之中的历史必然性。网络实名制也是这样，它归根结底只是一种制度现象。与其纠结于支持还是反对，兴起还是废除，不如站在社会演化的视角来分析其产生及发展历程背后的机理。这样对网络实名制的理解才会更加本质，也更加深刻。

"变"的哲学思想，教会我们要用发展的眼光来看事物。自然在变，社会在变，人类自身也在不停地变。我们要接受这个不断变化的世界，然后试着去把握"变"背后的规律，以及发展的方向。于是，以"变"为核心的制度变迁理论，成为了本论文第五章和第六章的支撑。以社会制度演化的视角来看待网络实名制的本质及其发展演进的历程，我们就不会仅仅停留在对网络实名制单纯的支持或反对这样的过于表面

化的争论之上。我们才能更深刻地理解这种制度现象，并且更为合理地
去利用它。

### 对立统一．灰度．主客两分

如果有人问："世界是黑的，还是白的?"你会怎么回答。第一种
答案，世界原本没有黑，也没有白，所谓黑白，都是人们下的定义。第
二种答案，世界白天是白的，夜晚是黑的。第三种答案，世界有些地方
是白的，有些地方是黑的。

第一种答案唯心，强调人作为本体自心对于世界的认知。第二种答
案唯物，加上了客观条件对于认知与事实的影响。第三种答案则包容性
更强，因为其中包含了对立统一的思想。其实，关于网络匿名与实名的
问题也是如此。和黑与白一样，匿名与实名是对立统一的，没有匿就没
有实，没有实也就没有了匿。所以，网络匿名与实名的问题，其本质是
一个问题，是"一体两用"，是一个事物的两种不同表现。而对于网络
是匿名好还是实名好的争论，其根本在于忽视了匿与实的同一性，他们
同样满足对立统一、动态平衡、相互转换的规律。基于对网络匿名与实
名问题所存在的同一性的认知，本文打破了固有观念中关于网络匿名与
实名的二元逻辑，正如白和黑之间存在着灰，网络中行为主体真实身份
的匿名与实名应该是程度不同的灰度的状态，是介于 0 和 1 之间的某个
数值。而这个数值，是可以采用一些科学研究的方法进行评价的，这个
数值代表着网络中行为主体真实身份匿名或实名的程度。在网络社会
中，这个数值的本质是存在于网络中的能够鉴别行为主体真实身份的客
观存在的信息量。于是，本文提出了网络匿名度的概念。进一步，基于
主客两分的哲学思想，将网络匿名度的概念也区分出了行为主体心内的
世界和心外的世界。网络感知匿名，一种主观存在的匿名，是行为主体
对于自身真实身份隐匿程度的心理感知；网络匿名，一种客观存在的匿

名，是由散布在网络空间中的客观存在的信息所蕴含的行为主体真实身份的信息。这两种匿名是存在联系的，却有着不同的本质，对人类的行为也产生不同的影响。将他们区隔开来，才能真正全面客观地去研究网络匿名对于人类行为的影响。

### 回归中道：一切都不是绝对的

我们的国家叫中国，我们的民族叫中华民族。"中"的思想是对我们这个民族文化概括性的诠释。月牙山人指出：中字是由一个 0（口）字和一个 1 字组成。可见，黑白调和，不偏不倚，不走极端是为"中"。可以说，本研究的结论是对"中"的思想和智慧的印证。研究的过程和结论让我深刻地体会到，果然一切都不是绝对的。

首先，没有绝对的匿名，也没有绝对的实名。网络中匿名与实名的概念，是人们对于行为主体网络身份与现实身份的对应性所下的定义。在网络接入的物理层，我们要求用户提供详细的身份证明材料，从技术上来看，在网络结构的每一层，都有丰富的可以鉴别主体身份的认证技术。所以，网络中并没有绝对的匿名，所谓匿名，即真实身份的不可鉴别性，取决于找到该真实存在个体所付出的成本，这个成本越高，则匿名的程度越高。网络也没有绝对的实名。我们将实名定义为行为主体的真实身份可知。那么请问，如何才算知道一个人的真实身份。知道身份证号码算吗？知道工作单位算吗？知道其简历算吗？你会发现这个问题其实很难回答。在社会中，我们每个人在不同场合都有不同的身份，我们可以尽量去了解，去获取相关信息，但很难说对于一个社会人，我们可以完全掌握他的社会身份。所以，所谓的匿名与实名只是一体两用的一种相对状态，它严格地取决于我们的定义以及认知。这反映了"中"的思想。

其次，没有绝对的有效，也没有绝对的无效。网络实名制是否有效，是人们争议的一大焦点。有人说有效，有人说无效。本研究通过一个博弈模型的分析，证实了网络实名制对于规范网络违规行为的有限有效性。它不是无效的，在一定范围内可以起到约束网络违规行为的作用；但它不是绝对有效的，在一些情况下反而可能导致更大的问题；它也不是唯一有效的，有其它的方法可以进行替代。这也反映了"中"的思想。

再有，没有绝对的促进，也没有绝对的抑制。一直以来，大家一直将匿名性作为网络文化的一部分，认为在匿名的掩护下，人们可以在网络中畅所欲言。于是，网络匿名会促进言论表达这一观点，几乎成为许多人的共识。大家对于网络实名制的反对，其中一个很大的理由是对于网络实名制抑制民众言论表达的担忧。互联网在我国已经发展了二十年，如今网络普及之广、功能之强大、应用之丰富，与网络产生发展的早期已不可同日而语。特别是 SNS 类网络应用的流行，可以说改变了网络社会中人们交往互动的规则。本研究证实了网络匿名会促进言论表达这一观点已不再完整。当人们出于自我展示，社交互动等心理需求时，实名的程度高，反而可能促进人们的自我表达。于是，网络匿名与实名，对于人们言论表达的影响，不能单纯地用促进或是抑制进行判断，因为这个影响取决于网络的环境、网络应用的类型，以及人们的实际需要。而这，也反映了"中"的思想。

本研究以网络社会中一个问题的两个方面来命名。一体生两用，在对两用的对立、变换、调和的思考中，发现可以有无穷无尽的有趣的研究点。这和老子在《道德经》里说的"一生二，二生三，三生万物"完全一样。时间精力有限，我没有办法穷尽所有有趣的研究点，只是尽量选择了几个容易切入的，进行了一些粗浅的探索。但在完成论文的撰写后，却发现一切又回归到了那个浑然一体的"中"的状态。也许，回归中道，才能更好地把握世界本来的样子。

回归中道，并不是说我们为人处事是似是而非的，可有可无的；也不是说我们的研究是模棱两可的，解释不清的。回归中道只是一种思维方式，一种对事物认知的逻辑，提醒我们要站在前提来看结果，搞清条件再谈结论。能在充分尊重世界客观事实的基础上来做决策，才是真正意义上的"中"道。

本书是我近五年来围绕网络匿名与实名问题研究与思考的总结，那些在我进行学术研究，以及书籍出版过程中提供过支持与帮助的专家学者，以及我的家人们，对于本书的诞生起到了非常重要的作用。感谢我的导师李钢教授，他的悉心指导让我受益良多，他也教会了我很多人生的智慧和道理。感谢北京邮电大学的苑春荟教授、齐佳音教授、王宁教授、艾莉莎老师，以及对外经济贸易大学的屈启兴老师，与他们的交往深刻地启发了我的思路。感谢云南大学的吕宛青教授、田卫民教授、杨路明教授、杨先明教授、吕昭河教授、罗淳教授、姚建文教授、吴东教授，以及陈小华老师，他们为我所承担的国家社科基金项目研究提供了支持与帮助，课题的研究也受到了他们的启发。感谢北京师范大学的张洪忠教授对于本书的指导与推荐。感谢《新华文摘》杂志社的刘永红老师，《改革》杂志社的张晓月老师，以及《商业研究》杂志社的李江老师，他们的鼓励使我坚定信心走上学术的道路。感谢人民日报学术文库对于本书出版的支持。还要感谢人民日报出版社的周海燕老师，她的耐心细致和高效，使得本书得以顺利面世。

陈　曦

2014 年 5 月 9 日